U0240796

养花那点事儿

微光绿植

52种耐弱光观叶植物挑选与养护

〔美〕 莉萨·埃尔德雷德·施泰因科普夫　　著
（Lisa Eldred Steinkopf）

刘　明　寇艺培　王博　赵月娟　译

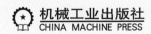

机械工业出版社
CHINA MACHINE PRESS

本书由 Quarto 出版集团授权机械工业出版社在中国大陆地区（不包括香港、澳门特别行政区及台湾地区）出版与发行。未经许可之出口，视为违反著作权法，将受法律之制裁。

北京市版权局著作权合同登记　图字：01-2021-6698号。

图书在版编目（CIP）数据

微光绿植：52种耐弱光观叶植物挑选与养护 /（美）莉萨·埃尔德雷德·施泰因科普夫著；刘明等译. — 北京：机械工业出版社，2022.7
（养花那点事儿）
书名原文：Grow in the Dark
ISBN 978-7-111-70904-6

Ⅰ.①微… Ⅱ.①莉… ②刘… Ⅲ.①观赏植物 – 观赏园艺 Ⅳ.①S68

中国版本图书馆CIP数据核字（2022）第094980号

机械工业出版社（北京市百万庄大街22号　邮政编码100037）
策划编辑：于翠翠　　　　　　责任编辑：于翠翠
责任校对：史静怡　张　薇　责任印制：张　博
北京利丰雅高长城印刷有限公司印刷

2022年8月第1版·第1次印刷
215mm×225mm·8印张·2插页·143千字
标准书号：ISBN 978-7-111-70904-6
定价：68.00元

电话服务　　　　　　　网络服务
客服电话：010-88361066　机　工　官　网：www.cmpbook.com
　　　　　010-88379833　机　工　官　博：weibo.com/cmp1952
　　　　　010-68326294　金　书　网：www.golden-book.com
封底无防伪标均为盗版　机工教育服务网：www.cmpedu.com

前　言

想为生活增添一抹绿色吗？塑料假花确实能装饰房间，但却无法让你享受到栽培的乐趣，且时间久了，假花上往往会堆积一层厚厚的灰尘。如果你想拥有一个会呼吸的"小伙伴"，但因条件所限又养不了小猫、小狗或者小鱼，那么亲手种植一株绿植是一个不错的选择。

我们生活的世界，节奏快，压力大，不是每个人都有条件在充满植物与氧气的公园里散步。城市中心的高楼大厦挡住了太阳光线，无形中放大了生活的压力，让我们透不过气来，而办公室又缺少大自然的生机与活力。在这种情况下，一两盆花花草草就能让你的家充满大自然的气息。

室内植物不仅有装饰作用，更重要的是还可以起到净化作用。美国国家宇航局科学家 B.C. 沃尔弗顿（B.C.Wolverton）博士已证明，植物可以清除空气中的有害化学物质——挥发性有机化合物（VOCs）。这些化学物质来自我们家中的每个角落：油漆、家具、地毯和电子产品。值得庆幸的是，只要在每 100 平方英尺（约 10 平方米的小卧室）放置一株室内植物，就能有利于去除这些化学物质。

与此同时，植物也有助于降低血压，增加生活的幸福感。看到这个信息，你一定已经迫不及待地要下单买一株植物了吧——让它来净化空气，降低血压，给自己和周围人带来快乐。但几周后，你或许会发现

自己并没有变得更快乐，植物看起来也没精打采的（这说明你刚养的植物正在慢慢枯萎）。一株毫无生机的植物怎么可能给空间和人带来生机呢？于是你灰心丧气，发现自己并不是个园艺大师，甚至连园丁都谈不上。

现在我要告诉你，只要你能慢慢掌握植物的生长需求并及时满足这些需求，你就可以成为园艺大师！在选择植物时，先要考虑的因素是阳光，因为它决定了你的植物是奄奄一息还是茁壮成长。我们经常会看到人们买了喜光的植物，却将它放在了光线昏暗的地方，反之亦然。比如，当多肉植物热潮席卷全球的时候，很多地方，尤其是北方地区，实际上是缺少多肉植物生长所需的阳光的。

本书将为你介绍不同光照需求的植物的栽培方法、注意事项以及小窍门，让你不仅可以充分利用现有的光线种植植物，还可以通过简单的电灯设置来改善光照条件。只要在挑选植物前了解一些基本的栽培知识，就能轻松找到一种适合你现有光照环境的植物。如果你感兴趣的话就继续阅读吧，让我们为你的家找到完美的植物！

目 录

第一章

光照

光照是成功栽培室内植物的关键。任何形式的光，无论是自然光还是电能光，都是植物的"养分"。只有当光线照射在叶子上，植物才能开始"就餐"——将吸收到的光线、水分和二氧化碳转化为自己生长所需的营养。这一过程发生在充满叶绿素的植物细胞中，被称为"光合作用"。对你、我和地球上所有生命来说，光合作用带来的最大好处是它的副产品——我们赖以生存的氧气。所以说，如果没有植物，地球上就不会有我们所知的任何生命。

阳 光

让我们从阳光谈起，它就是每个家庭环境都能够看到的光线。有的家中阳光会更明亮一些，这取决于家装风格和窗户数量。

既然光照是植物健康生长的关键，那么如何知道家中是否有足够的光来维持植物的生命呢？如果你的房间里有足够的光来看书，那么它就可以供养低光照需求的植物。如果你家中的光比你想象的还要充沛，那便可以种植多种植物。你需要先确定家中的光照水平以及光线的方向，其中重要的一点是了解窗户的朝向。大多数家庭和大型公寓的窗户都有来自多个方向的光线，如果你住在一个小公寓里，窗户则可能只有一个朝向。

即使你不会用指南针读取准确的方向，那也没关系。根据太阳升起或落下的位置，你就可以轻松确定窗口是朝东还是朝西。如果你从来没有在窗户中直接看到过太阳，那么这个窗户可能朝北。反之，如果整个下午阳光都照进你的窗户，那么这个窗户则朝南。天窗是第五种朝向，它可以为房间带来更多的光，以补充房间内现有的阳光。如果真的有天窗，那对于植物来说就是再幸运不过的了。接下来我们讨论一下五个方向的阳光以及它们适合哪些植物。

东

东朝向的窗户最适合栽培植物。清晨的阳光柔和而凉爽，太阳从东方地平线上升起的时候，它会以一定的角度射入房间，光照面积可以延伸到房间内很大一片区域。随着太阳在天空中升得越来越高，房间中的光线面积将逐渐变小。非洲紫罗兰、蕨类植物、秋海棠、广东万年青等植物适合在房间东侧生长。如果你有一个朝东的窗户，可以将低光照需求的植物放置在房间内距离窗户较远的位置，将中高等光照需求的植物放置在窗台上。

西

西窗的光线与东窗几乎相同，但西窗的光线可以为植物提供更多能量。事实上，高光照需求的植物在西窗的窗台上会茁壮成长。当太阳下山时，阳光也会以一定角度射入房间，因此和东窗一样，阳光穿过西窗的照射面积也可以延伸到房间深处，为更多的植物提供光照。不要将中低光照需求的植物放在西窗的窗台上，否则可能会给它带来过多的光和能量。适合朝西房间的植物有仙人掌和其他多肉植物、气生植物、虎尾兰、榕树和许多开花植物。由于傍晚太阳的角度较低，广东万年青、白鹤芋和其他耐弱光植物可以放置在离窗户 4~5 英尺（122~152 厘米）的地方，这样更有利于植物生长。

⬴ 东朝向的窗户透出柔和的晨光。蕨类植物、吊兰、绿萝、非洲紫罗兰和秋海棠在这种环境中生长良好。

❧ 西面的阳光适合培育仙人掌等多肉植物以及气生植物。因为太阳光线在落山时会以一定角度射入房间深处，像广东万年青这样的低光照需求的植物就可以在房间靠里的位置生长。如果你有一个朝南的或者高强度光照的窗户，但仍然想种植低光照需求的植物，那么可以装上半透明纱帘或百叶窗，它们可以帮助你降低光照强度，得到合适的光照水平，有助于植物生长。

南

朝南的窗户一天中接收的光线最多，像仙人掌一样，大多数多肉植物都喜欢这种强烈的光线。在夏天的几个月中，太阳高悬空中，阳光几乎从上到下直接照射到窗户上，因此光线很难照射到房间深处。如果你挂一个半透明的窗帘，或者把植物放在离南边窗户较远的地方，许多低光照需求的植物会在这种光线下茁壮成长。但如果低光照需求的植物太靠近朝南的窗户，并且没有窗帘的保护，它可能会被晒伤或晒死。冬天的时候，太阳在天空中的位置较低，所以光线是以一定角度照射进房间中的。在冬天，来自东西两个方向的光线没有来自南方的光线变化明显，低中等光照需求的植物可能会更适应冬季南边房间的光线环境。

北

朝北的窗户不会受到阳光直射。适合这种环境的通常只有叶类植物，如蜘蛛抱蛋、喜林芋变种、雪铁芋和绿萝。在大自然中，这些植物生长在雨林中，斑驳树影下的光线就足以供它们生长。开花植物通常不适合北面朝向的房间，除非你额外用电灯补充光线（见第 17 页）。如果在这个房间中你的台灯每晚都会打开，那么你可以种植光照需求更高一些的植物，甚至种一盆像非洲紫罗兰这样的开花植物也是有可能的。

天窗

天窗是第五种采光途径。光线通过天窗直接从上方洒入房间并随着太阳在房间内移动，这能让你种植更多种类的植物。不过需要注意的是，无论穿过天窗的光线照射到哪里，它都属于强烈光线。虽然光线可能不会长时间停留在你的植物上，但仍然存在低光照需求的植物被晒死的风险。

下沉式公寓

如果你住在下沉式公寓（Garden-level apartment），那里的光线可能会比楼上的光线少一些。但不用担心，如果你的窗户在一面墙的偏上位置，你可以将植物悬挂在靠近天花板的地方。你也可以在窗户下面挂一个置物架，把植物摆在上面。这样，即便为了给植物提供光线而在白天不关百叶窗，也可以在一定程度上保护隐私。你也可以购买树型室内植物，如高大的龙血树，它的叶子可以长到窗户高度。只要有光线照进房间，就应有一种植物能在那里生存。添置一些 LED 植物生长灯来补充光线也会起到一定作用。

❦ 很多低光照需求的植物都可以在朝北的房间良好生长。窗台上从左至右分别是雪铁芋、焦叶星蕨、绿萝，地上的一盆是广东万年青。

🌿 图中的孔雀竹芋位于光线较暗的位置，并不在光线直接照射的范围内。但镜子将附近窗户的光线反射到植物上，提供了植物生长所需的光照。

光照因素

有时你欣喜地发现自己有一个朝南的窗户，但让你失望的是，光线并没有想象中的明亮。在这种环境下就连仙人掌这样本可以茁壮生长的植物也会奄奄一息。你可能没有注意到，窗户上方或许有一个很大的遮阳篷或者大树阻挡了光线。这些因素都影响了通过窗户的光线量。如果你的窗外有一棵秋天落叶的大树，那么冬天房间里的光线会比夏天有树叶遮挡时要好。如果那是一棵像圣诞树一样的常青树，它一年四季都会遮挡光线。那么隔壁那座挡住照向你家所有阳光的大楼呢？它的外墙如果是深色的，它会吸收光线；如果是浅色的，它会将一部分光线反射到你的窗户上。所有这些因素都影响了射入你房间的光线以及植物能吸收的光线。在第20页，你可以看到一些方法，能让房间更加明亮。

向光性

如果你发现植物正向窗户倾斜生长，那是因为你的植物正在遵循向光性的规律。对于大多数窗户，阳光只能从一个

避开彩叶植物

你可能会喜欢斑叶植物或者有多种颜色叶子的植物。可能是白绿混杂，黄绿混杂，甚至红色、黄色、绿色和橙色都在同一棵植物上。这种植物比纯绿色的植物需要更多的光。因此，如果你家中的光线不那么充足，那么即使你喜欢彩叶植物，也要在栽培时尽量避开种植它们。如果没有足够的光线，它们叶子上的色彩会逐渐消失，最终你只能得到一株绿色的植物。

➥ 如果你长期不转动植物的摆放方向，它会向有阳光的方向生长，并且各部分生长速度也会不均衡。因此你需要在每次浇水时将植物的摆放方向旋转 90°，这样它才会对称生长。

方向照射进来，所以自然而然，你的植物会朝着光线生长。这个问题可以通过每次浇水时将植物转动 90°来解决。当你在浇水时发现你的植物比上次浇水时发生了明显弯曲，你可能需要转动得更频繁一些。如果你的植物太大而不方便转动，可以将它放置在一个带轮子的花盆托盘上。在转动植物后，它通常会越长越直，但如果它是一种像榕树一样具有木质茎的植物，它的茎可能永远会有一个小的弯曲的痕迹。因此必须要经常转动你的植物才能防止这种情况发生。

植物标签

当你确定你所选择的植物能得到足够的光照时，检查它自带的花盆上是否有培育者留下的标签，并花时间读一读。许多标签都写得很笼统，只是简单地将这盆植物标记为热带植物或室内植物，你可以从中得知它不能生活在北方的户外。还有一些指明特定植物的标签（如写着非洲紫罗兰或鹿角蕨）含有更具体的信息。如果没有可用来识别的图片，可以在网络上搜索植物名称，以确定标签上的植物确实是你手中的植物，避免标签被意外混淆了。

在标签上可以将植物所需的光照条件描述为高等强度、明亮、中等强度、间接、部分阴影等。那么这些描述之间有什么区别？它们都意味着什么？在某些情况下，它们只是用不同的方式表达同一件事。下表对植物标签上的一些常见描述进行了解释。

光照需求类型	窗户
高等强度、明亮、直射、全日照	南窗、西窗
中等强度、间接、部分阴影	东窗、距离南窗或西窗几英尺（1英尺为 30.48 厘米）远的位置
低等强度、部分阴影、阴凉处	北窗、距离东窗或西窗几英尺远的位置、距离南窗较远的位置

如果在按照标签建议的光线位置放置植物后，仍发现植物生长不好，可能是因为光线水平并不适合这种植物。那么，如何判断它接收到的光是太多还是太少呢？请继续阅读下文吧。

◈ 这种低光照需求的植物被放在室外阳光太强的地方，叶子被晒枯了。此时如果要把室外的植物移入室内，请先把它们放在阴凉处一段时间，过渡一下，再移入室内。大多数耐弱光植物都不适合被放在阳光充足的室外。

如何决定光照的多少

不论光照是多是少，我们的植物都会受到影响。那么我们应该通过哪些指标判断光照是否合适呢？让我们先谈谈光照太少时可能出现的问题。第一个问题是向光性对植物生长的影响，具体的迹象可参照第15页中的描述。第二个问题是新生出的叶子偏小且苍白。此外，对于仙人掌等多肉植物来说，植株的整体形状可能会向光源方向延伸，从而失去平衡。如果你的植物本应该正常开花，比如非洲紫罗兰或兰花，但它在一年内都没有任何开花的迹象，那么就有可能是因为缺乏足够的光照。如果你的植物没有任何明显的原因就枯萎了，

你需要检查一下它的根系。如果根系呈湿漉漉的糊状，可能是因为没有足够的光线让根部吸收所有的水分。换句话说，植物在高光照条件下会消耗更多的水，下章将对此进行详细解释。

可能会令你意想不到的是，植物也会因为光照过多而出现问题。事实上许多植物更适合中低等强度的光照，因此，当一天中光线较长时间集中照射在某些植物上时，也会对它们产生不利影响。如果植物接受过多的光照或接收过多的能量，它可能会快速枯萎。当你发现这种迹象时，可以把植物移到距离窗户几英尺（1英尺为30.48厘米）以外的地方，抢救及时的话是有可能起

死回生的。有时植物会在高强度光线的照射下显现异常状态，就像吸血鬼一样，它会把自己的叶子卷起来，以减小接收光线的面积。如果植物一直处于弱光环境中，却突然被移动到强光下，它的叶子可能会被晒伤。这些叶子既不会恢复到原来的颜色，也不会变成漂亮的棕褐色，而且植株生长可能会因为光线太强而受阻，枝叶也会变得紧凑。

如果不及时纠正这些情况，光线太少或太多都可能导致植物彻底枯萎。所以请时刻关注植物的生长状态，只要你做到仔细观察，就能够理解它们想要传递的信息。

什么是锻炼（Acclimation）

锻炼（Acclimation）是植物对不利生存环境的逐步适应过程。室内植物原本生长在美国佛罗里达、加利福尼亚和其他阳光比北方地区强烈的地区，培育者把它们放在遮阳布下，以更好地模拟家中的低光照条件，这就是锻炼过程的开始。但即使有了这种额外的养护，植物仍然可能在进入光线昏暗的室内时出现异常反应。当你刚把这种室内植物带回家时，可以先把它放在靠近窗户的地方，再慢慢地把它移到你想要摆放的地方。植物可能需要几个星期才能适应家中的环境，在这个过程中可能有一些叶子会脱落，但如果你把它放在一个能给它提供所需光线的地方，它可以立即适应新环境并生长良好。除了新的光照条件，植物还需要适应较低的湿度，在第34页我们会有更多详细的讨论。

电　灯

当发现家中没有充足的阳光来栽培你喜欢的植物时，你可以选择用电灯来补充光线。

即使你住在一个没有窗户的房间里，或者窗户不够明亮，你也可以用电灯给许多植物补充光线。电灯种类繁多，既有小型简约照明设备，也有大型装饰用吊灯，你可以挑选最合适的尺寸和风格，让它与你的室内装饰融为一体，成为家的一部分。

荧光灯是人们用来补充光线的最常见的光源类型。市面上有多种类型的荧光灯可供选择，如使用T-5、T-8和T-12灯泡的。T-12灯泡是最老的型号，也是最低效的。许多种植者因节能需求而使用T-5或T-8型号的灯泡。

我自己就在橱柜下面安装了简单便宜的18英寸（45.72厘米）长的荧光植物生长灯，这样在台面上咖啡壶旁边摆放的非洲紫罗兰也可以肆意绽放，没有比这再理想不过的了。许多种植非洲紫罗兰的人都会使用电灯来确保他们的植物可以对称生长，并且不停地开花；仙人掌等多肉植物的种植者也会使用电灯来确保他们的植物不会枯萎变黄，从而打破它们的自然生长模式。只使用电灯光线种植植物也是很常见的，因为这样可以为植物提供准确的光照水平和适宜的生长环境，以最大限度发挥植物的潜能。

LED 灯是植物栽培中的一种最新照明设备，它们比荧光灯更节能。虽然与荧光灯相比，这些照明设备相对昂贵，但它们的使用寿命更长，消耗的能源更少——它们不必开很久就能为植物提供"养料"。作为设计的一部分，许多新装修的厨房都在橱柜下安装了 LED 灯，还有能够夹在各种架子上甚至电脑屏幕上的植物生长灯，让你可以在任何需要的地方种植植物。

白炽灯泡太热，不能提供植物正常生长所需的全光谱光线。然而，如果晚上植物附近有一盏灯亮着，额外的光线也能帮助植物更好地生长。

在夜间，虽然地板上的聚光灯照射植物，并在天花板上投射出凉爽的阴影，看起来颇有情调，但却无助于植物的生长，因为能够产生能量的叶绿素位于叶子的上表面。所以，从上面照射植物将有助于植物进行光合作用。

在本书中，我们主要讨论在少量光线下可以生长的植物。如果你家有着令人羡慕的充足阳光，并且已成功地种植了仙人掌等多肉植物，你可能不需要这本书。但是，如果你想在房间窗户对面的咖啡桌上种植植物，本书将帮助你选择可以在光线较暗的情况下茁壮成长的植物。

❦ 不要低估晚上普通台灯发出的光线。它可以给你的植物带来生长所需的"额外动力"。

❦ 如果你想放置植物的地方光线昏暗，试着添置一个专用植物生长灯装置。只需要简单的灯泡和基本的灯泡夹，就可以制作便宜的植物生长灯装置。

改善光照的 15 种方法

以下几种方法无须安装植物生长灯就可以改善光照。

1 频繁擦洗窗户。你想象不到窗户上可以积攒多少污垢。空气中的烟雾、雨水和污垢会落在玻璃上，从而使阳光不能很好地透过玻璃，无形中减少了照进室内的光线。如果你生活在靠近正在耕种或收割的田地的农村或山区，或者在烟雾含量高的地区，尤其需要注意这一点，且每年都需要多次清洁窗户。如果夏天你在室外种植了植物，那么在秋天清洗窗户尤为重要。因为当你把它们搬回昏暗的室内时，它们需要尽可能多的光线。

2 将植物擦拭干净。你只需要一块海绵和清水就可以清除植物叶子上的灰尘、宠物毛和其他污垢，减少阻碍植物细胞吸收光线的障碍。可能的话，把它们移到水槽或浴缸里，给它们洗个温柔的全身浴。当你把植物表面的尘土弄干净后，它们一定会感谢你的。

3 移除窗帘和百叶窗。这种方法可能不适用于卧室或浴室，但如果你像我一样用足够多的植物布满了窗台，你就不需要窗帘等来保护隐私了。如果不能移除窗帘等，请至少保持你的窗帘等干净，这样才能让尽可能多的光线照射进来。记得在白天打开百叶窗，这样你的植物就可以暴露在尽可能多的光线下。

4 如果你的窗户玻璃上贴了彩色半透明纸或磨砂贴纸，请尽量将其移除。

5 拆除窗户遮阳篷。它们阻挡了大量进入窗户的光线，当然这也是它们的功能。当你用植物遮挡住窗户时，它们可以防止太阳光照射使地毯褪色，因此你并不需要遮阳篷。

6 把墙漆成浅色的。较浅的颜色可以较好地反射光线，这意味着将会有更多的光被反射到植物上。如果你住在出租房内，请获得房东的许可后再进行房屋改造。这就排除了黑色、海军蓝、深紫色等类似的颜色。

7 将镜子摆放在房间窗户的对面。它使房间看起来更大，同时可以给你的植物带来额外的光线。如果可以，用一个有质感的古董镜子遮住墙壁，以获得充足的反射光。

8 清洗屏风。屏风上会堆积灰尘、花粉和其他风吹来的碎屑，所有这些都会阻挡光线。如果可能，在秋天把你的屏风撤走，春天来临时再拿出来。因为，即使经常清洁，屏风也能将光线减少约 30%。

9 如果你家窗户外面有树，你当然不需要把它们砍掉，不过，请定期修剪。你可以有选择性地修剪树木，让更多的光线进入你的家和花园。

10 如果要更换或修建车道，请选择水泥材料而不是沥青。因为水泥颜色较浅，会将光线反射到窗户中。

11 如果你在家周围进行景观美化，请种植不会长高的灌木。我还没有把我家前面的矮灌木丛换掉，因为我正在努力寻找那些足够矮的，能让尽可能多的光线照射到室内的植物。

12 当你看到你的邻居拿着油漆色卡在外面讨论他们要粉刷房子的颜色时，一定要适时给出你的建议，并投票选择白色或其他浅色。墙壁上的反射光将为你的空间带来更多的光线，有利于你的植物生长。

13 如果你需要新窗户，可以考虑安装更大的窗户、天窗等，这样可以让更多的阳光照射到你的植物上。

14 不要在想要种植植物的地方安装彩色玻璃窗或磨砂玻璃窗。

15 如果你生活的地方冬天会下雪，那就再好不过了！覆盖地面的白雪会将大量的光反射到你的窗户上。在阴沉沉的冬天，这将是无价之宝。

第二章

浇水与施肥

一旦你找到了适合你的植物生长的地方，就要开始研究浇水时间以及浇水量了。浇水过多或过少都会成为植物的头号杀手，而植物在什么时候需要水的问题确实让很多种植者头痛不已。除浇水问题外，还有一种普遍存在的误解，是给植物施肥可以解决所有问题。虽然施肥是一个需要考虑的重要因素，但在养护植物时，蓝色粉末那样的肥料并不像被吹捧的那样是种灵丹妙药。让我们深入探讨这两个重要因素，以培育健康的植物。等你明白了何时以及如何给室内植物浇水和施肥时，你会发现这两件事并不像你想象的那么复杂。

给植物浇水

在研究何时以及如何浇水时，人们经常犯的一个错误是错误地解读了植物附带的标签。

在阅读标签之前，你需要先考虑影响植物吸收水分的因素。例如，标签可能建议你每周给你的植物浇一杯水，但这些建议并没有将特殊情况考虑在内——也许你的地区正处于寒冷或多云的天气，并且你的植物最近并不缺水。或者，如果你把植物放在一个光线较弱的地方，它需要的水可能比标签上要求的少。因此你只需要将标签用作参考，而不是一条固定的规则。

我建议你定期观察你的植物，而不是像人们经常建议的那样固定不变地按时浇水。当你在夏天使用空调或在冬天取暖时，室内的湿度会降低，植物会更快地缺水。在这段时间内，你的植物可能需要更多的水来适应新的环境条件。和上面情况类似，如果阴天和凉爽的天气持续了一周以上，你可以减少浇水量。相反，一周的阳光明媚、炎热的天气会增加植物的用水量。你需要在考虑这些因素的基础上定期检查植物，再决定是否浇水。

什么时候浇水

有很多不同的方法都可以检查植物对水的需求。一种方法是使用专用湿度计，它有一个插入盆栽基质的探针，其上的湿度指示器会显示量化的数值，让你知道基质的干湿程度。然而，有时读数可能不准确，因为盆栽基质中肥料残渣的含盐量会影响读数的准确性。另一种方法是在浇水后拿起花盆，在植物充分补水后感受其重量。当你在第二周检查它时，再次拿起花盆，看看你是否能感觉到植物重量的不同。如果感觉它明显变轻了，那么很可能是时候再次浇水了。如果感觉重量相同或稍微有点儿变轻，就不必浇水。

我经常通过观察植物来判断它是否需要水分。缺水的植物通常呈现出比正常颜色浅的绿色，尤其是蕨类植物。这种观察判断植物缺水的方法只有在长时间培育植物并有一定经验后才能做到。

如果你发现辛苦栽培的植物枯萎了，这可能是植物缺水的迹象。然而，在盲目加水前你需要检查植物的盆栽基质，因为萎蔫也可能代表植物的生长环境过于潮湿。如果潮湿环境中的一株植物干枯了，其根部可能已经损坏，因此不再能够吸收水分。这时，你可能会想给它浇水，但在这种情况下，添加更多的水分对植物并没有任何帮助。因干燥而死去的根会在水分过度饱和的基质中开始腐烂，植物很可能再也无法恢复生机。

❦ 如果你不确定植物是否需要浇水，可以在浇水后拿起花盆，感受植物的重量。在第二周你想要再次浇水时，再次拿起花盆感受重量，如果感觉轻了很多，那就说明它需要水分了。

如果你把你的植物从花盆里移出，发现它已经因过度浇水根变得又黑又黏（在此提醒你一下，它可能会非常难闻），这种情况还有希望使之起死回生吗？如果你的植物的绿色叶子看起来仍然有生命力，那么你可能还有机会拯救它。首先将根部的盆栽基质冲洗干净，看看是否还有健康的根部。然后切掉糊状的、枯死的根，将植物重新种植在新鲜的盆栽基质中。有些植物会从偶发的萎蔫中恢复过来，只不过会失去一两片叶子罢了（这种掉叶子的现象不应该作为判断植物是否需要浇水的标志）。

确定植物是否缺水的最好方法就是将手指插入盆栽基质中。如果你手指的第一个或第二个关节感到潮湿，就不必浇水；如果感觉是干的，就给植物喝点水吧。如果你把一株植物种在一个大而深的花盆里，仅仅检查顶部几英寸（1英寸为2.54厘米）是不够的，这并不能准确反映盆栽基质的湿度，因为其顶部可能是干燥的，但下部仍然很潮湿。你需要用木棍或树枝进一步检查花盆中的盆栽基质，尽可能地将其推入基质中并保持一段时间，就像将牙签插入蛋糕中检查是否有未熟的面糊一样；如果棍子顶端潮湿或沾上了湿的盆栽基质，就可以不浇水，而当木棍几乎不潮湿时就需要浇水了。注意，切勿让盆栽基质完全干燥。

要浇多少水

如果你已经确定你的植物需要水分，但是需要多少呢？它是仙人掌或其他多肉植物的话，一点点水就够了，对吗？（我以前也这么认为，因为我总担心水分过多。）如果植物像饮水机一样吸水量大，就让它完全浸

在水里，对吗？事实上，这两个问题的答案都是否定的。正确的观点是，任何植物的浇水方法都是一样的：浇水直到水从花盆底部排水孔流出。

实施这种浇水方法的关键在于你两次浇水的间隔时间。仙人掌等多肉植物可能在几个月内不需要浇水，然而蕨类植物或白鹤芋可能在几天后就需要补充水分。盆托中水的保留时间不应超过30分钟，不过这样已经可以确保植物吸收了所需的水分。如果盆托中还有剩余的水，你可以把它倒出。如果你的植物太大而不能移动，就用吸管、海绵等工具去除盆托中多余的水分。

顶部浇水

顶部浇水是浇灌植物最常用的方法，它非常简单，只需要你将水从上方倒在花盆中的盆栽基质上。在给你的植物浇水的时候，应确保花盆内每个角落都可以被水浸湿，而不是每次都从同一个地方浇水，这对于大型盆栽尤为重要。水需要到达植物的所有根须；只在一小块地方浇水，其他位置的根须可能会因太干燥而死亡。即使你觉得你已经充分浇水了，但因为水并没有被输送到植物根系的每个部分，它依然会受到不良影响。

❧ 这棵绿萝由于过于干燥而出现了枯萎迹象，仔细观察可以发现它的叶子开始卷曲。这个情况在浇水后会有所缓解，叶子会逐渐舒展。

❧ 这盆龟背竹下垂的叶子是一个很明显的迹象，表明植物需要水分。浇水后，叶子会重新挺立。

装饰盆

如果你选择买一个没有排水孔的花盆，或者你的花盆是一个古董，或者花盆太贵重而不能在上面钻孔，那么最好把它作为一个装饰盆来使用。虽然它是一个没有洞的花盆，但你仍然可以把植物放在里面，前提是要把它种在一个比装饰盆稍实用的普通花盆中。浇水时要把植物取出，待水排干后再把它放回装饰盆中。这将避免植物长时间浸泡在水中而可能发生的不良情况。

❀ 如果一株植物处于干燥环境时间过长，盆栽基质可能会与花盆内壁分离。这时你需要将盆栽浸泡在水中或从底部浇水，这可以使植物吸收水分并使基质重新润湿。

底部浇水

有些人喜欢在盆托里加水,让植物吸收水分,这就是从底部给植物浇水的方法。当盆栽基质顶部变湿润时,就说明已经充分浇水了;如果顶部还没湿润,你可以在盆托中加更多的水,直到它完全被吸收为止。这种方法可以保证基质的所有区域都被水浸湿,因为你可以看到水分已通过基质到达其顶部。植物吸收完所需的水分后,请清除盆托内多余的水分。不要让水在盆托里停留很长时间,因为它最终并不会被全部吸收到植物的根系中。

底层浇水的效果很好,但如果你在水中添加肥料,会积累肥料盐,这可能对植物有害。此时只需要每月一次从顶部冲洗基质,以清除多余的盐。像浇水时那样,让水流过基质,让多余的水流出排水孔,这样可以冲洗掉不需要的物质。

浸没

通常,种植者在培育室内植物时使用的盆栽基质主要是泥炭藓,当完全干燥时,泥炭藓会与花盆内壁分离。当这种情况发生时,水会沿盆栽基质外的花盆内壁流下,然后从盆底部排出,并不会润湿基质。如果想要重新润湿基质,你可以先将整个盆栽浸入一个盛水的容器中,再用重物把轻盆栽压下去,否则它们会漂浮在水面上。这种浸入式浇水方法可以使盆栽基质膨胀,并再次充满花盆。如果它没有膨胀至充满花盆的程度,你可能需要更换盆栽基质重新种植植物,或添加一些基质以填充原始基质和花盆之间的缝隙。

度假时要如何浇水

如果你需要出门旅行一周或更长的时间,你将会需要一个当你不在家时也能给植物浇水的方法。通常最好的选择是让你的朋友或家人按照你的要求来照顾植物,因为你可以完全信任他们。或者你可以发挥灯芯式自动浇水的创意:试着把你的植物放在一个装满水的水槽旁边,然后把一根绳子或鞋带一端连着水槽里的水,一端插进植物的盆栽基质中。绳子等会把水吸到盆栽基质里,让它保持湿润。你也可以用一个透明的塑料袋覆盖你的植物,以保持较高的湿度,帮助植物保住水分。你还可以使用木棍将塑料袋向上撑起固定,就像一个迷你的温室笼罩在盆栽上。当你不在家时,请把你的植物从窗户或光源处移开,这样它们接收到的光照会变少,从而减少对水分的需求。

每一种植物都是独一无二的，有不同的用水需求。天气条件和节气，以及任何其他的环境变换都可能会影响你的植物当下的需水量。

让你的植物保持水分充足，既不缺水也不过量，常常是一项令人头疼的工作。但如果你记得经常检查植物，注意它呈现的迹象，你会发现浇水是一个简单且愉快的任务。

记录你的浇水日志

在我们忙碌的生活中，可能很难记住你什么时候给每一株植物浇水。至少我就是这样。为了能让我做好这些事情，我把该做的浇水工作写在日历上。你也可以在植物日志或备忘录中记录你的植物状况。我有植物主题的纸胶带，并在我的日记中添加了植物草图。我还学会了记录我的植物的移栽日期或种植日期，我把这些信息写在一个塑料的植物标签上，放置在花盆中。在标签上用铅笔写字，因为大多数其他类型的钢笔或马克笔的痕迹最终会消失。

❦ 当你去度假时，利用毛细现象给植物浇水是一个好方法。将绳子或鞋带的一端插入盆栽基质，另一端放入水池中。水会沿着绳子等进入盆栽基质，并使之保持潮湿状态。

给植物施肥
（打一剂"强心针"）

许多人认为，每当给植物施肥时，就是在给它补充营养了。我认为给植物施肥就像人类每天服用维生素一样——但与人类不同，植物不需要每天施肥。

通常的建议是每月给植物施一次肥。这个建议来源于一种观点，即无论植物是否需要，你也应该每周给它们浇一次水，每浇四次水就给植物施一次肥，因此得到关于施肥的建议是一个月一次。事实上，第四次浇水的时间可能在一个月内或已经过了一个月，这取决于植物种类、花盆、根是否布满花盆、天气、一年中所处的时间等。

我建议，不要每浇四次水就给植株施肥，而是每次浇水都搭配1/8~1/4标准浓度的肥料共同使用。这样，你的植物就能从稳定的营养供应中获益，而不是一次摄入大量的营养。

使用哪种肥料完全由你自己决定。当购买肥料时，你会注意包装上明显地标着三个数据，这些数据标明肥料中含有哪些常量营养素及其所占的百分比。一些园丁认为这些数据可以按"向上、向下和四周"来理解。第一个数据为氮（N）含量，氮是对植物的绿色部分或"向上"部分有益的营养物质，它帮助植物长出新芽。第二个数据为磷（P）含量，磷有助于植物形成强壮的根（"向下"部分），并有助于开花植物开出更鲜艳、更大、更持久的花朵。然而，化肥并不

❧ 肥料有许多种类和形式可供选择，包括有机类型和无机类型。上图中从顶部顺时针方向依次是鱼乳液（liquid fish emulsion）、缓释颗粒、水溶性蓝晶体、缓释棒类型的肥料。

能直接使植物开花——促使植物开花的关键是适量的光照。最后一个数据为钾（K）含量，钾对植物的"全面"健康有益，它帮助植物抵抗疾病、耐旱和耐寒。例如，一种标记为"20-20-20"的肥料包含占总量20%的氮、20%的磷和20%的钾。其余40%的肥料是由少量的微量营养素和某种填料组成，这些填料将营养素以植物可"消化"的形式结合在一起。

肥料的种类

有两种肥料可供你选择——有机肥料和无机肥料（合成的）。两者有各自的优点和缺点，如果使用得当，它们都有利于植物的健康。

我们先讨论无机盐形式的化肥。这些化肥能迅速地将营养输送到植株中，但如果使用太多，就会烧坏叶子，影响整株植物。有种无机肥料是合成的蓝色晶体，用勺子计量，将其倒进水里，它会溶解并使水变成蓝色。这就是所谓的水溶性肥料。

无机肥料也会以浓缩液体的形式出现，可以加水后得到合适的浓度和颗粒形态，用于盆栽基质中，浇水后会溶解。有一种无机肥料很可能在你买植物的时候就已经在盆栽基质里了——一种缓释肥料，呈小而圆的珠状。它们是有颜色的（最常见的是蓝色、绿色或奶油色），所以它们很容易被种植者看到。这些小珠子表面有一层薄膜，给植物浇水时，这种薄膜会慢慢溶解，释放出少量的肥料。这些肥料也被称为长效肥料，因为它们可以在盆栽基质中持续使用三个月，不断向植物提供少量养分。如果你买了一株植物，可以看到肥料珠，那么你可能几个月都不需要添加肥料。

❧ 如果你的植物叶子像上图中的一样，叶片颜色浅而叶脉颜色深，或者叶片颜色深而叶脉颜色浅，说明它有可能缺乏营养，需要施肥了。

有的缓释肥料呈棒状，通常被用于种植室内植物。使用时，你需要在花盆边缘以相等的间隔将其插入盆栽基质中，且花盆的大小会决定使用数量。然而，由于肥料会集中在肥料棒周围的区域，可能因局部浓度高而烧坏附近的根，却无法滋养植物的整个根系。

另一种肥料是有机肥料，这意味着它是从活生物体的遗骸中提取的。有机肥料缓慢地向植物释放养分。其中，鱼乳液是一种很受欢迎的肥料，可以与海带、动物血和蠕虫制成的粉末结合使用。有机肥料分解缓慢，即使施用过量或残留在叶子表面，一般也不会烧坏植物。

在找到对植物最有效的肥料之前，你可以尝试使用一些有机肥料。对于某些特定植物，如仙人掌等多肉植物以及非洲紫罗兰，有专用的有机肥料。这些肥料对这些植物来说不是必需的，但它们的配方是具有特定植物家族所需的各种营养素的正确比例。因此在种植这些植物时，你就不需要猜测是否可用了，可以直接选用这些肥料。

什么时候施肥，施多少肥

你应该多久施肥一次？如第 31 页所述，你可以使用全标准浓度的肥料，每浇四次水就施一次肥，或每次都使用 1/8~1/4 标准浓度的肥料，施肥和浇水共同进行。然而，由于室内植物在室内生长，我不建议使用全标准浓度肥料。千万不要以为多就是好，因此就不按剂量要求而多施肥料。

施肥的时间也应该控制在每年 3—9 月，因为这时植物正在活跃生长。不过施肥时间也取决于你居住的地区。一般来说，一旦你在春天看到植物长新芽，就可以开始施肥了。在秋天白天开始变短时，要停止施肥，到次年的春天来临时再施肥。当白天较短时，植物生长速度会减慢，因此它们不需要添加养分。如果你此时施肥料，它们可能完全不会用到这些养分。

此外，过多的肥料会严重损害植物甚至可能杀死它们。通常，过度施肥会烧伤植物，这意味着部分植物可能会变黑并死亡。如果你发现被过度施肥的植物只有一部分死亡，可以用水冲洗盆栽基质，把多余的肥料冲洗掉。衷心希望你的植物能恢复健康。

如果你的植物生病了，你很可能会马上给它增加肥料，并认为你是在帮助它。但事实上，不应该给一株虚弱的植物施肥。你应该先找出问题所在，再决定行动方案。如果植物有许多黄色的叶子或叶子上有斑点，又或它看起来有些蔫，那么你应该重新考虑一下放置它的位置了，它可能需要更多的光照或者需要换一种浇水的方式。它还可能被真菌感染了，或者得了其他病需要治疗。你需要研究其病因并对症下药。另外记得把所有黄色的叶子摘掉，因为不论做什么它们都不会再变绿了。

如果你的植物的叶片都是浅绿色的，但叶脉是深绿色的，或者叶片是深绿色的，但叶脉是浅绿色的，那么你的植物可能确实需要增加肥料了。上面的描述说明植物缺少保持叶子绿色所需的营养。

保持植物健康和美观的关键是经常关心它们。如果它们被留在一个角落里，被当作装饰的一部分，而不是活物，那么当问题出现时，请不要感到惊讶。如果你只是为了美观，在这些地方放一些塑料植物可能会更好。只要给植物适当的光、水和肥料，你就会惊讶地发现，它们会一天比一天好看！

气候和栽培环境

我们的植物是在离开它们近乎完美的生长环境和种植设施后才与我们生活在一起的。苗圃的作用是尽可能地保持植物的健康和美丽——以利于销售，工作人员会为植物提供最优质的水、肥料和养护。之后，这些植物才来到我们家里，由我们努力照顾它们，但遗憾的是，我们没有植物生长需要的最佳条件。接下来我会谈谈一些相关的问题以及其改善方法。

温度

通常室内植物生长的环境比我们习惯的气候温暖得多。在室内环境中，16~24℃的温度通常会让植物感到舒适。在晚上，你可以把温度调低，这也会让植物感到舒适。

湿度

对于我们的皮肤和植物来说，冬天的家就像撒哈拉沙漠。大多数室内植物都来自热带地区，那里的湿度高达 80%~90%。然而，家里如果有暖气，冬天的室内湿度可能低至 20%。植物在有足够的湿度时才能长得好。那么，我们如何才能做到这一点？

许多人会使用手持喷雾器，但喷雾只能暂时提高湿度。喷雾还会在叶子上留下多余的水分，可能引起病害。比较理想的办法是在你的热源附近或植物区域安装一个加湿器。如果这样不太好实现，请把你的植物放在一起，以提高它们周围的湿度。

如果你只有一小部分植物在相同的光照条件下不能健康生长，你可以把这些植物放在有鹅卵石的盆托上以提高湿度。具体方法是，在一个比花盆大很多的盆托里面装满小鹅卵石并加水，直到水刚好没过鹅卵石的顶部，然后把花盆连盆托一起放在上面。你也可以直接把花盆放在鹅卵石上，只要植物没有接触到水。随着水从鹅卵石间的缝隙中蒸发，它会上升到植物周围的空气中，增加湿度。为了达到最好的效果，请在有鹅卵石的盆托中装足水。

空气循环

在家里谈论空气流通似乎有点奇怪，但不流通的空气对植物的健康是不利的。流动的空气有助于防止细菌生长，保持叶片干燥，从而最大限度地减少疾病的发生。偶尔打开一扇窗户，或者在种植区安装一个电风扇，少量的流动空气可以帮助植物保持健康。

最健康的植物是在湿度合适的环境中合理浇水并定期适当施肥养出来的。健康的植物能更好地抵御虫害和疾病，如果没有持续的养护，植物就有可能吸引螨虫等，并且得病。我们的目标是种植一种容易照料、看起来健康、为你的家增添美景的植物。提供合适的生长条件可以确保你在未来的许多年里拥有一株健康、有吸引力的植物。

用电风扇使空气流通，因为植物不喜欢停滞的空气。修剪不整齐的植物时，剪刀是非常好用的；绳子是捆绑倾斜植物的完美工具；而在试图提高空气湿度时，有鹅卵石的盆托是非常重要的。

为了保持植物周围有较高湿度，可以按图中的方式把它们放在装满水的有鹅卵石的盆托上。但是，要确保你的植物没有浸在水里，以免根系腐烂。

藤蔓绕窗景

你养的绿萝和心叶蔓绿绒是不是越长越快,甚至快失控了?藤蔓是不是已经长到拖在了地板上,每天被猫咪摧残?你可以尝试将藤蔓移到窗台前的架子上,缠绕着挂在窗框上。有很多方法可以实现这种操作。最简单的方法就是把钉子钉在墙上,然后把藤蔓挂在上面。如果你不想在墙上打很多洞,或者你是租房居住,不方便在墙上打孔,你可以使用粘在墙上的粘钩,但它们很容易脱落。用植物藤蔓把窗外的景色框起来,你的窗户将会变得更加美丽!

❀ 粘钩是一个完美的工具,它可以帮助植物在窗户周围或墙上生长。但要确保它的尺寸足够大,以适应植物未来的生长,否则粘钩可能会伤害植物。你需要经常检查粘钩部分,以防止这种伤害的发生。

❀ 如果你有一扇窗户想用藤蔓来装饰,但房子是租来的或者不想损坏墙壁,就用无痕粘钩把枝条固定在你想让它们蔓延生长的地方吧。

第三章

养护

把一株新的植物带回家是件令人激动的事，就像得到一只不需要在雨中遛弯儿的宠物一样。一旦你把它带回家，它将美化你的空间，生活的每一天因此而变得更加靓丽多彩。随着时间的推移，整饰和清洁植物（也许还可以和它聊天）将成为一天中最有益身心健康的一个环节。在本章中，我们将探讨如何购买完美的植物，使用能确保其生长潜力的盆栽基质，将它栽种到恰当的花盆中。我们还将探讨如何通过整饰和防治病虫害来呵护植物。

如何购买室内植物

保持植物健康最重要的方法就是从一开始就买入健康的植物。

选择一个有信誉的地方去购买室内植物格外重要。我所说的"有信誉"是指该花卉商店必须有专门的工作人员来养护植物。很多时候，花卉连锁店开始注重养护植物时为时已晚，通常是已然有人注意到植物有了枯萎迹象。我建议你去专门的商店或独立的花卉市场购买室内植物。专业的店铺通常配备员工专门养护植物并了解每株植物的生长需求。

在甩卖区购买"待拯救"的植物之前一定要三思而后行。这些甩卖的植物往往是无法拯救的。

不要买放在阳光充足、风吹日晒位置的室内植物。这对于第一次购买植物者尤其重要。

要选择健康状况良好且没有叶子变黄或其他生长不良迹象的植物。

在家中找到你想要的恰当位置放置植物，并确保大致了解该植物生长所需光照条件。作为一个植物狂热者，我知道因一时冲动而购买植物的事情时有发生。当我有此冲动时，我通常先搞清楚所选的植物是否适宜在我家生存，因为我很熟悉我家窗户可照入的光照情况和窗户周边的可用空间。如果你正打算买入你的第一株植物，但又不了解你家环境可为植物提供多少光照，你最好提前先做一些该方面的研究。

❦ 购买室内植物时，要去有信誉的专业花卉市场和商店，店员会帮你选择植物并告知合理的养护方法。

※ 尽管由于价格的原因，购买清仓的植物看起来是个好主意，但一开始最好还是买健康的、没有问题的植物吧。为什么非要把一株从一开始就充满挑战的植物带回家呢？

当你购买室内植物时，该如何找到完美的植物呢？要找那种带有健康的绿色，主枝笔挺（藤蔓除外），枝叶繁茂而不稀疏，水分充足的植物。

浇水情况良好并不意味着让植物生长于盆托或盆套的水里。如果植物有盆套，一定要仔细查看，如果其内部充满了水，那就放弃它去看下一盆吧。我们不知道这些植物在水中泡了多久，也不知道根系是否已经产生病害。浇水情况良好意味着盆栽基质摸上去是潮湿的，而不是过于干燥或过于潮湿。另外，还要检查一下叶尖是否变棕或变黑。若有，这可能表明浇水不规律，植物发生过过于干燥的情况。如果一株体型较大的植物上有一两片叶子发黄，可能不会产生严重后果，该植物只是在离开以前近乎完美的生长环境后进行一些调整，落叶也是一个正常的适应过程。

如果你看到大量的根从花盆的底部伸出来，这可能意味着植物根已经布满花盆，这表示需要更换新盆了。观察叶背和叶腋，看看是否有害虫或虫卵。一旦你找到了喜欢的植物，经检查没有明显毛病后，即可购买。

到款台付钱时，要求店员最好用纸套或纸袋把植物包装起来。在北方的冬季，包装是必需的，但如果天气寒凉或有风，即便是春秋也应加以包装。未经包装的植物无法承受风吹或低温，这种冲击可能使美丽健康的植物难以存活。当你把植物安全地运回家后，密切观察几周，以确保它能适应新的生长环境，避免意外的访客（害虫）出现。

重新种植你的植物

如果你买了一株植物，把它种在仅仅实用但毫无吸引力的黑色或棕色花盆里，你可能就不想再拥有这盆植物了。如果你要购买新植物，只需在相同大小的花盆中重新种植，不要将其栽种到更大的花盆中（见下文）。买与你的植物成比例、与原尺寸大致相同的花盆。将植物从花盆中取出来，放进新盆。检查植物埋入的深度是否合理。通常情况下，植物要种得深一些，盆栽基质要

盖到茎的位置。如何判断种植深度？通常在根系底部便要开始使用基质。如果基质覆盖茎部太多，可能会导致其腐烂。多余的基质需要清除，并将植物重新栽种到更合理的深度。

➳ 当一株植物的根系布满花盆时，就像左边的那株一样，先把根系梳理一下，然后把植物栽种到大一号的容器中，为根球变大创造空间。

确保你的植物栽种在适当的深度，在基质和花盆口边缘之间留出高1/2~1英寸（1.27~2.54厘米）的空间。这可以在给植物补充水分时，不会让水和基质从盆口流失。

室内植物是如何变成真正室内植物的呢？

我问了科斯塔农场的"植物猎人"迈克·里姆兰（Mike Rimland）关于一种植物是如何被选作室内植物，以及它是如何适应生长环境从丛林到室内窗台这种改变等几个问题。

我："植物猎人"如何找到适合室内种植的植物？

迈克：我周游世界，到过很多亚热带和热带地区。那里是低光照、适合室内生长的植物的产地。我在真实家庭和办公室等室内环境中对这些植物进行测试。根据光照情况和其他气候条件，我在不同的室内位置测试，确保找到真正适合植物在室内生长的摆放位置。

我：如何测试植物，以及你在寻找什么？

迈克：我先从新陈代谢的角度了解典型的室内环境和植物的最低光照水平需求。我还考虑了室内的耗水量。我经过几十年的时间反复试错才掌握了所有必须考虑的因素。

我：从发现一株植物到使之进入市场需要多长时间？

迈克：考虑测试、繁殖时间，到形成植物的市场供应，这可能需要4~8年。对于我引进的许多新植物，我们从少量开始，积累足够的库存，然后运送给北美的零售商，这是一个长期的过程。

我：你需要多少库存才能在市场上推出一株植物？

迈克：这取决于该植物和我们的目标市场。基于地理分布、植物科属和价格（决定需求水平）等因素，库存数值区间可能较大。一般来说我们希望至少有5万株。

➺ 在换大盆时，选择一个只比之前的盆大一号的，随着植物的生长逐渐将它移到越来越大的盆中。最好不要给植物太多额外的空间，因为水可能会留在额外的盆栽基质中并导致根系腐烂。

换大花盆

上盆或将植物移至更大的花盆时，为了植物的健康，我们要循序渐进，新花盆仅仅大一两号即可。如果你有一株花盆直径 4 英寸（10.16 厘米）的植物，应将其移至直径 5~6 英寸（12.70~15.24 厘米）的盆中；一株花盆直径 6 英寸（15.24 厘米）的植物应移至直径 8 英寸（20.32 厘米）的盆中；一株花盆直径 8 英寸（20.32 厘米）的植物应移至直径 10 英寸（25.40 厘米）的盆中，等等。将植物移至不合适的更大的花盆中会产生一些问题。如果根球周围有太多基质，根部不能完全吸收并利用盆栽基质里面所容纳的水分，则会导致根部腐烂。

如果种种迹象显示，植物比平时需要更多水，且需要每周不止浇一次水，这意味着它的根可能已布满花盆，需要更大的"家"了。将植物从花盆中取出并检查根部，看看这些根部已经长满盆了吗？根是不是比盆栽基质还多？若是，就是时候换大盆了。

给植物浇水时，如果水停留在盆栽基质的顶部，且需要很长时间才能减少，那么可能是盆里长满了根或盆栽基质被分解并被压实了。这表明植物需要一个更大的花盆或新鲜的盆栽基质。

另一种情况是，水可能会立即流走，丝毫起不到润湿盆栽基质的作用。如果盆栽基质完全变干，它会从侧面收缩并在其与花盆之间形成空隙。此时水流沿着空隙直接流出，无法给植物补水。由泥炭藓组成的盆栽基质多会出现此类情况。此时可能需要一个更大的花盆或者更换一种更好的盆栽基质。短期解决方案是将花盆完全浸入水中，以便盆栽基质可以吸水并重新膨胀起来（见第 29 页）。

在移栽或上盆之前，请确保浇水充足。这有助于

➡ 花盆种类繁多，请
选择既适合你的植物，
又符合你气质的花盆。

处理植物时保持根球完好无损，从而有助于减少对植物的伤害。如果你的花盆是柔韧的，那么就轻轻挤压花盆并移出植物。如果是硬花盆，那么可以尝试将盆倒置，植物会自然地落入你手。如果不能自然脱落就轻轻拽一下，不过要小心些，不要损坏茎或叶。如果这些方法都不起作用，那么就沿花盆的内壁用刀子划一圈，分离花盆与根球。但植物根长满盆时，这些根可能很难从花盆中取出。如果用所有方法都不能将之取出，就需要切断塑料盆或者完全破坏陶瓷花盆，才能把植物取出来。幸运的是，这些过激措施并不需要常常使用。

从盆中取出植物后，检查根系。如果根缠得密密麻麻的，就需要仔细地把根分开。如果根部变色且发软，就切掉这部分。通常而言，健康根部呈现漂亮的白色或浅色，并且摸起来稍微发硬。将紧实的根球一侧切下几片，会刺激新根生长。当你将植物移植到新的环境，在盆栽基质到盆口边缘要留有一定距离，以便在浇水时，盆栽基质和水不会从盆口溢出。小盆应留有 0.5~1 英寸（1.27~2.54 厘米）的距离，而大盆则应留有 1.5~2 英寸（3.81~5.08 厘米）或者更长距离。

植物在春天生长活跃，此时是更换大盆的最佳时间。在美国北部地区，通常在 2 月底或 3 月初，甚至可以在夏季更换大盆。秋季来临，白昼变短，植物生长变慢甚至停止，此时最好不要更换大盆。不过，此时你仍然可以把新购买的室内植物栽种在新的、更有吸引力的同尺寸花盆里。秋季植物需水量已少，大盆中较多的盆栽基质容纳了过多的水，因此，秋季把植物移植到大花盆，很可能会导致根部腐烂。然而，如果你刚刚从花卉市场购买了一株非常容易扎根的植物，那么在秋天进行上盆则是必要的。如果是这种情况，整个冬天都要格外小心地浇水。

上盆时，在添加额外的盆栽基质后，要轻轻地将其拍平，但不要拍得过实。记住，植物的根需要氧气，花盆中盆栽基质太紧太实，可能造成基质颗粒之间的空气空间被压缩。在更换花盆后，一定要让植物"喝个水饱"。浇水浇透是解决基质问题的最好方法。

排水

选择花盆时要考虑的最重要的因素是排水孔，且排水孔是必须具备的。要让植物得到很好的养护，不要因为多余的水无法流出，造成植物"溺水"。排水孔能让多余的水向下流出，此外，花盆应有盆托来盛纳多余的水。

有许多类型的花盆可供选择。通常的花盆材料是赤陶土、釉面赤陶土和塑料。赤陶土是多孔的，水不仅可从赤陶土花盆的排水孔排出，还可通过花盆外壁蒸发。对那些不喜欢过度湿润的植物而言，此类花盆是绝佳选择。适合用赤陶土花盆栽种的植物有仙人掌等多肉植物。釉面赤陶土花盆经染色和密封工艺，因此水分就不再能通过花盆外壁流失了。赤陶土花盆和釉面赤陶土花盆的另一个好处是花盆较重，如遇到"头重脚轻"的植物，花盆的重量足以使其保持直立。

塑料无孔，较之赤陶土花盆，塑料花盆可以更持久地保持根球湿润。塑料花盆和釉面赤陶土花盆对于蕨类植物和白鹤芋等需要保持湿润的植物来说是最佳选择。

❀ 如果你想用的花盆没有排水孔，你可以用菱形钻头或工程钻头钻孔来制作排水孔。

当然，也有许多不寻常的花盆可供选择。几乎任何能容纳盆栽基质的容器均可以作为花盆，但必须要有排水孔！

盆栽基质

你可能已经注意到我用了"盆栽基质"而不是"盆栽土壤"。为什么？因为很多室内植物都不是生长在含有土壤的混合物中的。土壤已经被一种来自泥炭沼泽的泥炭藓所取代。由于过去几年人们担心泥炭沼泽的开采会对全球变暖产生影响，许多公司现在使用椰壳纤维——一种从椰壳行业获得的副产品，它可以用于生产地垫、绳索，等等。泥炭藓和椰壳纤维都以其保水能力而闻名。这些产品通常与蛭石和珍珠岩混合使用，以利于排水，防止根系腐烂。商业用盆栽基质中一般都添加润湿剂，帮助泥炭藓和椰壳纤维再水化。

购买室内植物盆栽基质时，要购买不添加肥料或保水珠的。那些产品更适合用于在户外使用的花盆中。许多盆栽基质对根来说太密了，根无法获得足够的空气。我建议在买到的盆栽基质中再添加一些蛭石和珍珠岩，混合物应按照蛭石、珍珠岩、购买的盆栽基质各三分之一的比例搭配，搅拌均匀，并在栽种植物之前稍微湿润一下。

填充盆栽基质

当上盆或更换大花盆时，把植物放在花盆中，在盆栽基质和花盆口边缘之间留下一定距离。如果将盆栽基质一直填充到花盆口，浇水时水和盆栽基质会流出来，弄得一团糟。一个直径为 2~6 英寸（5.08~15.24 厘米）的小盆，应该留有高 0.5~1 英寸（1.27~2.54 厘米）的空间，较大的盆则需留有 1.5~2 英寸（3.81~5.08 厘米）或更长距离。

❧ 通常，改良盆栽基质简单好用的方法就是以 1：1：1 的比例添加蛭石（左）、珍珠岩（下）和新买的盆栽基质（上），以保障顺利排水。

整 饰

保持你的植物美丽干净和保持我们自己的整洁一样重要。

我们每天清洗自己身上的灰尘，但我们的植物却可能数月甚至数年布满灰尘。记住，它们是从森林的"水疗"环境来到你家的。购买之前，它们每天也被卖家精心呵护着，以成为潜在买家的最佳购买对象。虽然你可能不会为植物保持这种养护操作，但保持它们的清洁多多少少会让植物感觉更自在，更舒服。

当给你的植物浇水时，如果有条件，把它们移到水槽或淋浴处，好好冲洗一下。这样可以清除灰尘等污垢，并清除可能寄生在你的绿色朋友身上的害虫。如果不具备条件，用湿海绵或湿纸巾擦拭叶子。要在擦拭一株植物之后，马上清洗海绵等，再开始擦拭另一株植物，以免发生病虫害的交叉传播。让灰尘远离叶片，也可以帮助叶片最大限度、顺畅地获得阳光。

也许有人告诉你，可用牛奶、蛋黄酱或植物增光剂来清洁叶片，增加光泽。请不要这样做！使用这些产品会堵塞叶片的气孔（与我们皮肤的毛孔类似）。食物产品也可能会吸引昆虫或宠物来啃咬叶片。许多植物都是有毒的，我们当然不想任何动物去啃咬它们的叶片。

问题的解决

买植物要选择信誉良好的花市或卖家，栽培期间定期检查是否有害虫或疾病，这样就可以避免大多数植物生命周期中可能发生的问题。

然而，栽培过程中通常会出现至少一个这样或那样的问题。每次与你的植物互动时，都要观察，这是在情况失控之前发现、解决问题的最好方法。

害虫

我们先谈谈害虫的问题。害虫可能是从另一株植物爬到新植物上的，也可能是在你的植物进家之前虫卵就寄生在植株上了。通常情况下，虫卵非常微小，我们肉眼甚至看不到它们，或者可能错误地把它们当成是一团泥土。一旦害虫从卵孵化出来，它们就可以快速繁殖，所以，最好是做到早发现、早处理。

⬇ 随着时间的推移，植物会布满灰尘，所以要用微湿的海绵将叶片擦拭干净，这将有助于它们最大限度地吸收阳光。不要使用增加植物光泽的产品。

你在找什么？出现害虫的一个常见标志是叶子或茎上的一种闪亮、黏性的物质——这种物质被称为蜜露，是昆虫排出的植物的汁液。如果你看到这个，将其擦掉时不像擦水那样容易，就说明这是蜜露。在后期，你或许会注意到黑色的霉菌覆盖着蜜露，肉眼看来这可能比闪亮的蜜露更明显。另外，蚂蚁会被蜜露吸引，所以蚂蚁的存在是发现害虫的另一个线索。解决害虫问题后你也会摆脱蚂蚁的困扰与侵蚀。下面介绍几种你可能会遇到的常见的室内植物害虫。

粉介壳虫：如果叶子或叶腋处有一种白色的棉质或茸毛状物质，那么你发现的是一种叫作粉介壳虫的害虫。这是一种移动缓慢的介壳虫，可以刺穿植物的叶子，吸出汁液。它们可能很难清干净，但通过恰当的方法可以控制数量。最理想的情况是，当它们数量还不多的时候，尽早发现它们。用棉签蘸上外用酒精，擦拭每个白色的棉质区，可杀死害虫。用印楝油或园艺油喷剂呛死那些未能杀尽或新孵化的害虫。亦可使用杀虫肥皂、叶面杀虫剂或整株杀虫剂。认真阅读产品标签，为安全考虑要严格按照说明进行操作。

因为生存在盆栽基质中，根粉蚧更加难以检测。如果植物呈萎靡状，而且没有明显的害虫或其他问题，把植物从盆里取出来，检查是否有根粉蚧——它们就像粘在根上的米粒一样。它们还分泌蜜露，因此根周围可能很黏。可使用一种内吸杀虫剂来根除它们。

蚜虫：蚜虫有时被称为植物虱子，它们大多出现于植物新芽上。它们很容易被肉眼看到，颜色不一，黑色、绿色、红色和黄色都有。就像粉介壳虫一样，它们

❧ 如果在植物上发现一种白色的棉状物质，它实际上可能是粉介壳虫，一种缓慢移动的介壳虫。

也会分泌蜜露。蚜虫易于杀除，用强水流冲洗或用纸巾擦拭均可去除。必要时，也可使用触杀剂或内吸杀虫剂。上述做法最好于室外实施。但如果天气太冷，可在浴缸里清洗植物；如果使用杀虫剂，必须在一个可以与家里其他地方隔离开的房间中使用。

介壳虫：这些昆虫与粉介壳虫相似，但它们看起来是棕色而非白色的絮状遮盖物。一旦找到喜欢的地方，它们就不会再移动了。介壳虫看起来像植物的一部分，因此很难被发现。它们可以侵害任何植物，也可以分泌蜜露。记住，如果你发现有蜜露，那一定是有某种害虫分泌了此种物质。仔细寻找这种"侵害植物之虫"。如果介壳虫数量较少，就可以用指甲将其捏走。如果数量较多，可能需要使用内吸杀虫剂或印楝油、园艺油，使它们窒息死亡。

❧ 介壳虫是一种小昆虫，有硬壳保护，它会把植物里的汁液吸出来。如不加以处理，最终可能会造成植物死亡。

❧ 这片叶子上闪亮的黏性物质表明植物上有害虫。这种黏性物质是植物上的介壳虫的排泄物。

叶螨：如果你注意到植物的叶子变成了斑驳的黄褐色，这可能表明你发现了叶螨。叶螨是非常小的生物，它们用嘴部刺穿叶子，吸出汁液，使叶子变色。如果它们的数量足够多，你可能会看到植物上的织带，也可能会清晰地看到叶螨。它们喜欢侵害干燥环境中的植物——低湿度就如同让叶螨听到了晚餐铃，一哄而上来吃晚饭。如第 34 页所述，可使用有鹅卵石的盆托来增加湿度，并确保植物不会缺水。如果你发现了叶螨，那么应该立即清洗植物以去除它们；一般的杀虫剂对螨虫不起作用，如有必要可使用专门的杀螨剂。喷印楝油或园艺油也有助于杀死螨虫。

蕈蚊：曾经困扰着你的一种微小的"黑苍蝇"，极有可能是蕈蚊。许多人误以为它们是果蝇——但如果

❧ 当叶螨侵害植物时，叶子呈现出斑驳的外观。叶螨把叶子中的细胞内容物吸走，形成了此处可见的苍白斑点。

室内只有植物，而没有腐烂的水果，那么你发现的很有可能是蕈蚊。这些小飞虫的幼虫生存在过度潮湿的盆栽基质上部深几英寸（1英寸为2.54厘米）的区域。由于幼虫只生存在潮湿基质的上部，所以在再次浇水之前，要让基质干燥一些。幼虫不会生活在干燥的基质中，这样就算不能完全消灭它们，成虫的数量也会大大减少。如果虫害较为严重，可挖除上部几英寸的盆栽基质，更换新基质。也可以使用内吸杀虫剂。

白粉虱： 白粉虱是一种白色的飞虫，通常隐匿在叶子背面，在那里觅食并产卵。我们可以将叶子翻过来，背面朝上，就会轻易地发现它们。然而，一旦植物被拍打、晃动，惊飞白粉虱，就再也难以摆脱并消灭它们了。可将专门制作的黄色黏性卡片放置于花盆中，黄色卡片可吸引白粉虱并将其粘于其上。喷印楝油或园艺油可有效地使白粉虱窒息，亦可尝试在盆栽基质中施用内吸杀虫剂。有时也可使用真空吸尘器将此类害虫吸走，有助于减少白粉虱数量。

病害

如果植物看上去有健康问题，但又看不到任何昆虫或螨虫，则可能发生了病害。 你应该怎样确定病害类型呢？

白粉病： 这些真菌孢子表现为植物叶子上的白色粉末状物质，可通过水甚至微风传播。空气循环不良、光线不足和温度较低都是导致真菌生长的原因。如果不进行治疗，它会大面积传播，最终造成植物死亡。保持植物生长区域通风良好，分散摆放从而使植物不那么密集和拥挤，保持植物叶子干燥，这些都会避免白粉病的

♠ 白粉病由真菌引起，表现为植物叶子上覆盖一层白色粉末。如果不加以控制，它会导致植物死亡——白色粉末遮挡了光线，阻碍植物进行光合作用。

发生。如果植物确已患病，则须剪除受感染的部分或者喷洒杀菌剂。此外，印楝油效果也很好。

冠腐病： 这种病在植物因病而塌之前通常难以被发现。此病害一般位于植物的中心，叶子从盆栽基质中长出的地方（树冠）会很明显。盆栽基质过湿或植物在基质中种植得太深均会生此病。冠腐病通常对植物都是致命的。

叶斑病： 当植物叶子上的水停留时间过长时，细菌或真菌会导致叶子形成斑点。如果你在叶子的边缘发现叶斑，要把这部分剪掉。如果叶斑在叶子的中间并且正在蔓延，则应将整片叶子切掉。喷洒杀菌剂或印楝油有助于防止此疾病传播。

煤污病：如第 48 页所述，这种病的霉菌生长在某些昆虫的蜜露或排泄物上。须根除这种入侵的害虫，然后清洗植物的叶子，同时去除黑霉和蜜露。

环境问题

室内植物可能会出现根本不是由虫害或疾病引起的，而是由它们所处的环境或它们被养护的方式引起的问题。

冷害：即使温度高于冰点，我们的室内植物也会遭受冷害。通常温度降到 5~6℃时会发生致命的损害，但其实温度低于 10℃时，许多植物都会受到影响。

植物出现冷害时，叶子会变成棕色或黄色，并从植株上掉下来。许多热带植物会在太冷时落叶甚至死亡，因为它们喜欢16~27℃的温度。也就是说，如果人体感到舒适，植物基本上也会感到很舒适。

叶尖变棕色：一些植物——如吊兰、豹斑竹芋和龙血树——对干燥的空气、肥料盐的积累以及浇水不规律等非常敏感，这些情况会导致它们的叶尖变成棕色。可以通过调整浇水和施肥方法，提高这些植物周围的湿度来解决这一问题。根据每片叶子的形状剪去叶尖的棕色部分，使其与健康叶子的外观相匹配。

枯萎：植物枯萎通常是植株需要水的迹象，但有时植物也会因为被过度浇水、患有根腐病（根部腐朽）等原因而枯萎。如果是患了根腐病，即使浇水恰当，植物也不能再通过腐烂的根部吸收水分了。枯萎也可能是由冠腐病引起的，这将导致植物死亡。如果植物在盆栽基质干燥时枯萎，浇水后一般就会恢复。如果植物在基质潮湿时枯萎，就需要进一步调查原因了。

落叶：随着叶子老化，所有植物都会在某个时候自然地落叶。但如果地板上到处都是叶子，那就有问题了。当你将植物从强光环境移至弱光环境时，植物会通过落叶做出反应，直到它只剩下那些足够接收光线的为数不多的叶子。如果植物被过度浇水或浇水不足，它们也可能会掉叶子。浇水要有规律，提供的水分要均衡，这才利于植物生长。

叶子变色：有没有发现有些叶子的颜色与其他叶子不同的情况？如果这种情况发生在新长的叶子上，那通常不是问题，新长的叶子通常与旧叶子的颜色不同。但如果之后叶子仍然颜色不正常，或有与周边叶子颜色不同的叶脉，这表明植物可能缺乏营养了，也可能表明盆栽基质的 pH 值过高或过低。如果是后者，则营养物质无法被吸收。用 pH 值测量仪测试基质，pH 值接近 6.0~6.5 为佳。如果 pH 值远高于或低于该值，则可能会对植物造成伤害，将植物移到新的盆栽基质中一般会解决这一问题。

养护好植物的关键实际上可以归结为关注植物及其特殊需求，从而将出问题的可能性降至最低。植物越健康，受到病虫害侵袭的可能性就越小。

第四章

植物图鉴

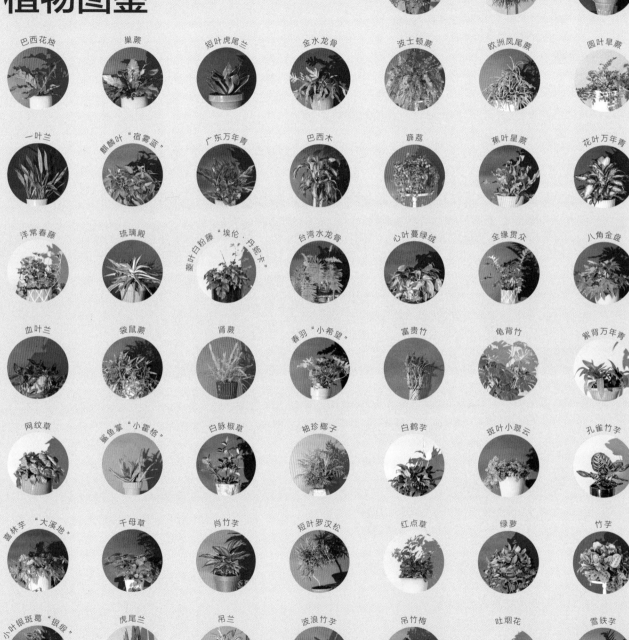

千叶兰　百合竹“安妮塔”　合果芋

巴西花烛　巢蕨　短叶虎尾兰　金水龙骨　波士顿蕨　欧洲凤尾蕨　圆叶旱蕨

一叶兰　麒麟叶“宿雾蓝”　广东万年青　巴西木　薜荔　蕉叶星蕨　花叶万年青

洋常春藤　琉璃殿　菱叶白粉藤“埃伦·丹妮卡”　台湾水龙骨　心叶蔓绿绒　全缘贯众　八角金盘

血叶兰　袋鼠蕨　肾蕨　春羽“小希望”　富贵竹　龟背竹　紫背万年青

网纹草　鲨鱼掌“小霍格”　白脉椒草　袖珍椰子　白鹤芋　斑叶小翠云　孔雀竹芋

喜林芋“大溪地”　千母草　肖竹芋　短叶罗汉松　红点草　绿萝　竹芋

小叶银斑葛“银缎”　虎尾兰　吊兰　波浪竹芋　吊竹梅　吐烟花　雪铁芋

如果你生活在光线不足的环境中，花卉市场的大量植物可能会令你不知该如何选择。有无数的喜光植物很诱人，但养在你家的弱光环境中可能会长得不好。希望你找到一种适合你个人情况的植物，并保持植物健康，为温馨的家增添美感。希望你每天都能看看你的植物，因你选中的植物在家里茁壮成长而感到幸福和满足。

希望通过阅读前面的内容，你已经确定你必须为植物提供的光照条件。唯有如此，植物才能够生存下来并且茁壮成长。本章中介绍的许多植物都可以忍受弱光环境，但部分植物在中等光照条件下的生长情况会更好。在前面的内容中，我们讨论了改善光照的方法，甚至讨论了通过灯光照明的方法来扩大你可以种植植物的范围。请记住，使用灯光照明的话，你就可以在任何地方种植植物了。

以下植物图鉴将有助于你找到在你提供的条件下表现最佳的植物。总有一种植物适合你。如果你有足够的光线来阅读书籍，那么你的家里就可以养活一株植物。另外，请选择一株你觉得有吸引力的植物！希望你不要仅仅因为一种植物在网上风靡一时，就冲动地跑出去买。冲动之下买的植物可能不是最适合你的，你和你的植物都可能会"感到沮丧和失望"。因此，请继续阅读本章内容并找到一种适合你家里光线情况并让你开心满意的植物吧。

千叶兰

低等强度光照　　湿润　　对宠物有毒

其他常用名

千叶吊兰、铁线草

拉丁学名

Muehlenbeckia complexa

千叶兰的小叶子和粗壮的茎均具有较强观赏性，宜使用吊篮种植。如果与花盆中同生同长的植物需要相同的光和水，千叶兰也可以很好地成为大盆中观赏植物周围的地被植物。

光照

千叶兰喜欢明亮的光线，但可以耐受较低水平的光线并适度生长。如果将它放在光线较暗的环境中，它不会长得那么旺盛，且光线较弱时不需要太多的水。最好使其照射到东向或西向的光线，穿过北向窗户的光线也可以。

水分

千叶兰叶子很薄，容易变干，易于脱落，因此需要充分地浇水。如果你幸运地在它变干后不久就观察到这一问题，这时马上给它补水，还可能会使它恢复原状——即使所有的叶子都掉光了，它也可能还活着。浇水后不长时间，你可能就会因藤蔓长出新叶而感到惊喜。

植株大小

千叶兰长有小叶的藤蔓看上去精致小巧，但它在原生地是疯狂生长的地被植物。在家中的环境，它的藤蔓可达到 3~4 英尺（91.44~121.92厘米）长甚至更长。

繁殖

将插穗放在潮湿的盆栽基质中。因其叶子很薄，用塑料或玻璃覆盖插穗可在其生根时保持湿度。

宠物安全

对狗和猫有毒。

百合竹“安妮塔”

低等强度光照　　干燥　　对宠物有毒

拉丁学名

Dracaena reflexa ‘Anita’

龙血树属植物是观赏性强且易于种植的植物，百合竹“安妮塔”自然不例外。与最常见的龙血树相比，它的叶子更窄，看起来高大而不粗糙。这种植物可以净化空气中有害的挥发性有机化学物质（VOCs）。市面上在售的多为标准树形或小树形。

光照

和其他龙血树属植物一样，百合竹“安妮塔”也能忍受弱光环境，比如朝北的窗户提供的光线，但从东窗或西窗照入的较明亮的光线能让它长得更好。如果你只有朝南的窗户，要将其放在远离窗户的地方。不要将其放在直射光线或强光线下，其叶片可能会被晒伤。

水分

龙血树属植物不喜欢浇水过多或生长在“重”的盆栽基质中，它们更喜欢排水良好的多孔基质。给龙血树属植物浇水，一般要浇到水从排水孔中流出为止，等到基质至少干了一半，再浇水。

植株大小

与栽培成树形相比，将百合竹“安妮塔”种植在小花盆里会更划算。在没有大量光线的房间里，其树形引人入胜，成为整个房间的焦点。如果你需要，它可以长得非常高，反之也可以将其修剪得较低矮、浓密。

繁殖

如果你决定修剪百合竹“安妮塔”，可以将插穗插入一个装有潮湿盆栽基质的容器中，培养新植株。去除插穗底部的叶子，仅将约 1 英寸（2.54 厘米）的裸枝插入基质中，就可繁殖出新的植株。

宠物安全

对狗和猫有毒。

合果芋

中等强度光照 　　潮湿 　　对宠物有毒

其他常用名

箭叶芋

拉丁学名

Syngonium podophyllum

如果在商店里初次见到合果芋幼株，你可能想象不到有朝一日待其成熟，枝长成蔓的样子。如果你希望植株小而紧凑，可在其开始蔓延、疯狂生长时进行修剪。不过，合果芋蔓延成片也需要时日。合果芋易于栽培，其箭头状的叶片，可呈银色、绿色、粉色，亦可几色相混，最惹人爱。

光照

宜放置于光亮之处。因短时间内合果芋即会向阳生长，需经常转动花盆，改变盆栽方向。但如果光线过强，叶片则会被晒伤。因此盆栽能接收来自东窗、西窗或北窗的光线为佳。如受空间所限窗户只能朝南，请远离窗户摆放。

水分

合果芋的生长环境需湿度均衡，可将鹅卵石铺于花盆盆托上以帮助增加湿度。如水分缺失严重或湿度降低过多，可能会导致其叶缘和叶尖呈棕黄色。由于叶片较薄，与其他植物相比，合果芋的水分可能蒸发得更快。

植株大小

在茎叶蔓延前，合果芋株高仅有 12~18 英寸（30.48~45.72 厘米）；当茎叶蔓延后，其株高可达 3 英尺（91.44 厘米）。可将其藤蔓缠绕于长满青苔的树干或支撑架上以牵引其生长，也可将植株修剪得小而紧凑。杂交培育的新品种，植株很小，低于 6 英寸（15.24 厘米），适于栽种在微型花园中。

繁殖

取 6~8 英寸（15.24~20.32 厘米）的枝梢，扦插在湿润的盆栽基质中。

合果芋叶薄且喜湿，在生根阶段覆盖枝梢，或将有益。

栽培品种

"月光（Moonshine）"——此品种叶片呈浅银色。

"白蝶（White Butterfly）"——最受欢迎的品种之一，叶片为浅绿色，叶缘呈深绿色。

"粉蝶（Pink Splash）"——叶片呈中绿色，粉色斑点散布其上。

"迷你精灵（Mini Pixie）"——微型品种，叶片白绿相间，植株仅可长至约 3 英寸（7.62 厘米），极宜种植在玻璃容器或微型花园中。

"粉色仙女（Pink Fairy）"——微型品种，粉色，株高约 3 英寸（7.62 厘米）。

宠物安全

对狗和猫有毒。

巴西花烛

低等强度光照

潮湿

对宠物有毒

其他常用名

鸟巢花烛、甘蓝花烛

拉丁学名

Anthurium plowmanii

如果你想在房间里养一种植物彰显你的勇敢气质，巴西花烛就是很好的选择。它的别名"鸟巢花烛"可能会让你认为它是一种较小的植物，但其实其植株大小如同鹰巢而不是麻雀之巢。深绿色的叶子，大而似皮革一般，从土壤中长出的只有其短短的叶柄或茎。叶柄或茎依圆形排列生长——莲座状，似鸟巢。皮革质的叶子难以咀嚼，可起到很好的防虫作用。

光照

通过东窗或西窗给这些植物提供中等强度光照。它们在北窗的弱光下也能很好地生长。如果有足够的光线，它们就会开花，但其吸引人之处远不止如此。叶子的基部会长出一个小的鼠尾状肉穗花序，但它不像它的家族表亲花烛那样，在肉穗花序周围有鲜艳的彩色佛焰苞。

水分

保持湿度均衡，不要任其完全变干；使用有鹅卵石的盆托，提高周围的湿度。此外，保持温暖——这些植物不喜欢低于10℃的温度。

植株大小

叶子可以长到3英尺（91.44厘米）长。

栽培品种

"荷叶边（Ruffles）"——叶子边缘有褶边的品种。

"波浪（Fruffles）"——叶子边缘有额外褶边的品种。

宠物安全

对狗和猫有毒。

巢 蕨

低等强度光照　　　潮湿　　　对宠物无毒

其他常用名

山苏花、鸟巢蕨

拉丁学名

Asplenium nidus

一般人们认为蕨类植物有长长的叶子且叶缘均匀分布很多"小锯齿"，但这种蕨类植物与众不同，出乎人们的想象。其叶子整齐划一，没有锯齿状叶缘。叶子呈碗状分布，中央有一个棕色的毛茸茸的"巢"。椭圆形的新叶从棕色"巢"中长出来，形状类似于巢中的小蛋，因此而得其名。可用海绵擦拭灰尘，使叶子保持干净。

光照

应把这种蕨类植物放置在中等强度光线下，它们最喜欢从东窗照进来阳光，北窗的光线亦可。也可以把它们放置在离西窗几英尺（1 英尺为 30.48 厘米）的地方，离南窗则要更远一些。直射阳光可能会灼伤叶子。

水分

永远不要让蕨类植物完全变干，但也不要将之置之水中。通过将其放在有鹅卵石的盆托上来提高湿度。沿花盆边缘浇水，尽量不要让"巢"的中心有过多水分，否则可能会造成植物腐烂，叶子脱落。在其原生地，巢蕨通常以附生植物形式生长在树上。因沿一定角度生长在树上，水永远不会在"巢"中间停留太久。种植在家里的花盆之中时，因它们是向上生长的，所以植株中心多余的水可能无法完全排干。

植株大小

这些蕨类植物在原生地可长得相当大，达 4 英尺（121.92 厘米）高，冠幅可达 3 英尺（91.44 厘米）。在家中环境下，它们很可能不会长得那么高大。

宠物安全

对宠物无毒。

短叶虎尾兰

低等强度光照　　　干燥　　　对宠物有毒

其他常用名

鸟巢虎尾兰、好运兰

拉丁学名

Sansevieria trifasciata 'Hahnii'

虽然虎尾兰属植物有很多种，但这种植物叶子会形成类似鸟巢的圆形的莲座状。它们有从深绿色到亮黄色的多种颜色，有些带有条纹和杂色斑块。此类小型植物非常适合放置在中低等强度光照区域生长。叶子上的杂色越多，植物就越需要较多光线来保持颜色鲜艳。

光照

虎尾兰属的植物，尤其是深绿色的品种，以其对弱光的耐受性而闻名。然而，在中等强度到明亮的光线下，它们会生长得更好并迅速繁殖。

水分

要保持环境干燥，尤其是在光线不足的情况下。太湿会导致植物腐烂而完全坏死。出于同样的原因，不要让水停留在植株中间区域。如将植物放在中等强度至明亮的光线下，请在基质几乎完全干燥时浇水。如果其叶子变得皱巴巴的，就像人在浴缸里泡得太久后的手指一样，那就意味着急需浇水了。

植株大小

短叶虎尾兰植株高度为 4~12 英寸（10.16~30.48 厘米）。它们的尺寸将随着母株基部子株的增加而扩大。

繁殖

这种植物最简单的繁殖方法是将子株从母株分离下来，单独种植在另外的花盆中。单片叶子也可以切成片，待伤处愈合，将其种植在潮湿的基质中。须正确埋置叶子，使叶子的原始底部处于基质中。若埋反了，它则不会生长。如果你想要繁殖带黄边的虎尾兰，请注意，新植株不会出现黄边。

栽培品种

金边短叶虎尾兰——带有浅黄色和绿色条纹的金色品种。这种植物的高度不会超过 5 英寸（12.70 厘米），但经过几年它会长出子株，如果不分株，可能会达到 8~10 英寸（20.32~25.40 厘米），甚至更高。

"黑星（Black Star）"——深绿色的叶子带有黄色的边缘。

"翡翠（Jade）"——纯深绿色的品种。

"星光（Starlite）"——生着带有黄色边缘的灰色叶子。

宠物安全

对狗和猫有毒。

金水龙骨

低等强度光照　　潮湿　　对宠物无毒

其他常用名

蓝星蕨、熊掌蕨

拉丁学名

Phlebodium aureum

这种蕨类植物呈蓝色，明显有别于其他植物。一旦靠近金水龙骨，沿着盆栽基质爬行的巨大"毛毛虫"会顿时吸引你的注意力。这些毛茸茸的根状茎爬出基质的表面，长出叶子。金水龙骨通常被发现于树上，在它们的原生地生长为附生植物。厚而坚韧的叶子比大多数蕨类植物更能适应家中的低湿环境。

光照

这种植物需要低到中等强度的光照。须将其放置在东窗或北窗上，或距西窗几英尺（1 英尺为 30.48 厘米）的地方。

水分

虽然金水龙骨可以适应低湿度，但靠有鹅卵石的盆托提高湿度，有助于其生长。不要让盆栽基质变干——保持湿度均衡。

植株大小

这种蕨类植物在其原生地可以长得相当大，但在家养环境，高和冠幅都可能不会超过 2 英尺（60.96 厘米）。当它们的根状茎碰到花盆侧壁时，根状茎会往上爬出并越过花盆边缘，所以一个低而宽的花盆最适合养这种根状茎发达的蕨类植物。

繁殖

可将叶子背面出现的孢子播种在潮湿的基质中，用土盖好以保持高湿环境。这种蕨类植物繁殖的一种更快、更简单的方法是剪下一段附有叶子的根状茎，然后用一根弯曲的金属丝将其固定在一个装有潮湿盆栽基质的花盆上。保持潮湿，让新根形成。

宠物安全

对宠物无毒。

波士顿蕨

低等强度光照

潮湿

对宠物无毒

拉丁学名

Nephrolepis exaltata 'Bostoniensis'

你可能会在夏天于户外注意到这种蕨类植物，许多人把它用作门廊上的悬挂植物。我养这种蕨类品种已经有 30 多年了，是我曾祖母传给我的，我一直在家里养着。常常有人抱怨蕨叶落下的小叶较多且乱。作为正常老化过程的一部分，它们确实会掉落一些细叶，但这种美丽的植物值得人们常常清理那些落叶。可将其放在一个基座上去展示它那蓬松的拱形叶子。

光照

蕨类植物一般喜欢中等强度的光。虽可忍受从北窗照入的弱光，但从东窗射入的中等强度的光是它们最喜欢的。

水分

保持湿度均衡，切勿使之缺水。要使用具有大量泥炭且排水良好的盆栽基质。使用有鹅卵石的盆托，提高湿度。如果养护得当，细叶掉落就会少一些并且不会完全变干。保持适当湿度。

植株大小

对于蕨类植物来说，波士顿蕨植株很大，高、冠幅均可至 3 英尺（91.44 厘米）。

繁殖

可将这种蕨类植物分株并单独栽种，也可通过长出的长长的匍匐茎繁殖。将匍匐茎固定在含有潮湿的盆栽基质的花盆中，同时保持其仍与母体相连。在将它们固定在潮湿的基质上之前，新植株可能已经在匍匐茎上形成，这非常利于新植株的生长。

栽培品种

棉花糖肾蕨——一种蓬松如泡沫的蕨类植物，正如它的名字一样，其株形类似于棉花糖一圈圈的漩涡。这是一个新品种，也需要大量的水和高湿度。

"丽塔的黄金（Rita's Gold）"——这种亮黄绿色蕨类植物是由丽塔·伦道夫（Rita Randolph）发现的，她送给了阿兰·阿米蒂奇（Alan Armitage）一株，阿兰试种后将其命名为"丽塔的黄金"。这是一种特殊的品种，可为任何房间增添亮点，它亦被广泛种于室外阴凉处的花盆中。

高大肾蕨"虎斑"——一种叶子上带有异乎寻常而又妩媚动人的斑纹的品种。

宠物安全

对宠物无毒。

欧洲凤尾蕨

中等强度光照　　潮湿　　对宠物无毒

其他常用名

银带蕨、井口边草

拉丁学名

Pteris cretica

这是另一种蕨类植物，与之擦肩而过之时，人们大概不会意识到它是一种蕨类植物——它是一种独特的物种，叶子有 1~5 对羽片（蕨类植物叶子的主要部分），比起通常在蕨类植物上看到的小叶，它的羽片看起来更像丝带。因它具有如此不同的外观，与其他蕨类植物混合在一起时易于辨识。

光照

中等强度到明亮的光线最好。可将植株放置在东窗窗台或离西窗稍微远一点儿的地方。对于非斑叶品种，从北窗照入的光线是很合适的。

水分

与大多数蕨类植物一样，保持湿度均衡，不要使其变干，不要将之直接置于水中。将其放在有鹅卵石的盆托上，提高湿度。

植株大小

此类蕨类植物植株较小，高、冠幅均仅可至 1~2 英尺（30.48~60.96 厘米）。

繁殖

此类蕨类植物可以进行分株繁殖。

宠物安全

对宠物无毒。

圆叶旱蕨

低等强度光照　　　潮湿　　　对宠物无毒

其他常用名

纽扣蕨

拉丁学名

Pellaea rotundifolia

这是一种可爱的小蕨类植物，生有类似纽扣的小叶（羽片）。小叶从深棕色的叶轴上生长出来。这种植物在吊篮中看起来很美，深绿色的圆形小叶比大多数蕨类植物的厚，因此可以更好地耐受家里的低湿环境。在光线较暗的条件下也可以生长得很好。

光照

这种蕨类植物要放在低等到中等强度光照条件下。采光以东窗为好，北窗亦可。

水分

这种蕨类植物需要保持湿度均衡，但又不能太湿。给此蕨类植物浇水后，等盆栽基质干燥一点儿，方可再次浇水。

植株大小

植株的高、冠幅均可达 6~12 英寸（15.24~30.48 厘米）。

繁殖

此蕨类植物可以分株繁殖，将子株单独盆栽即可。

宠物安全

对宠物无毒。

一叶兰

低等强度光照

潮湿

对宠物无毒

其他常用名

蜘蛛抱蛋、箬叶

拉丁学名

Aspidistra elatior

一叶兰曾经在维多利亚时代很受人们欢迎，它能在稍暗、通风、较冷的客厅中存活。由于对不利条件的耐受性较强，故而它还被称为"铁铸兰"。即使光线不足、湿度和温度条件不佳，它也可完美地适应并生长。一叶兰也有斑叶品种，但需要充足光照来保持斑叶状态。

光照

一叶兰虽可忍受弱光，但在中等强度光线下生长良好。较新的斑叶品种需要中等强度光照来保持它们的斑纹。不要将这种植物放在阳光直射的地方，以免灼伤叶片。

水分

一叶兰也因其对干燥的耐受性而闻名，但湿度均衡更有助于其生长。光线越少，植株需要的水分就越少。

植株大小

长长的带状叶子最长可达 2.5 英尺（76.20 厘米）。用湿海绵擦拭叶片，尽量减少灰尘，使叶片尽可能多地接收光线，有助于其生长。

繁殖

分株，将子株单独种植。

品种

"银河系（Milky Way）"——有斑点的品种（见左页图）。

条斑一叶兰——拥有白色条纹的斑叶品种。

"雪冠（Snow Cap）"——一种有白色叶尖的品种。

宠物安全

对宠物无毒。

麒麟叶"宿雾蓝"

低等强度光照

潮湿

对宠物有毒

拉丁学名

Epipremnum pinnatum 'Cebu Blue'

麒麟叶"宿雾蓝"是麒麟叶属的新品种，与同科属其他植物几乎没有相似之处。其叶子呈蓝色，同其他室内植物相比，格外醒目。如曝露于过多的光线之下，它可能发生褪色，呈现出病态。麒麟叶"宿雾蓝"绝对不可曝露于太亮的光线下，直射的阳光会灼伤它的叶子。如果处于较低强度的光照环境，其叶子会呈现更深的蓝色。如果你要寻找与其他麒麟叶属植物有差异的植物，那么这种植物能满足你的需求。随着植物的成熟，叶子会裂开，变大，但在家庭环境中植株成熟的可能性较小。也有人称之为蓝色喜林芋，但实质上它是麒麟叶属植物，而不是真正的喜林芋。

光照

把这种植物放在来自东面或北面的光线之下。如果叶子颜色看起来过于浅，需将其移至光线较弱的地方。

水分

保持盆栽基质湿度均衡。这个品种的叶子比通常的麒麟叶属植物的薄，因此难以忍受基质彻底变干的情况。

植株大小

只要你允许，它的藤蔓就会一直生长下去。但如果修剪较长的藤蔓，以使植物保持饱满，植株则看起来更美观。将一些长藤蔓剪到与盆栽基质齐平，新的藤蔓就会长出来。

繁殖

将枝梢插穗插到水中或潮湿的盆栽基质中。

宠物安全

对狗和猫有毒。

广东万年青

低等强度光照　　　干燥　　　对宠物有毒

其他常用名

中国万年青

拉丁学名

Aglaonema spp.

过去，这种易于生长的植物在市面上只能见到带有深绿色斑纹的绿色品种。现在，它的杂交品种发展之快，已经超出了人们对它的了解速度，目前已有粉色、红色和桃红色等颜色的品种。

光照

过去杂交品种大多是绿色的，即便在弱光的条件下，也能生长良好。颜色多彩的新杂交品种需要中等强度的光照，所以房间窗户朝东或朝西会使植物生长得更好。如果将其放置于弱光中栽培，它们就会失去艳丽的颜色。

水分

等深 1~2 英尺（30.48~60.96 厘米）的上层基质干燥后再浇水。中国万年青（Chinese Evergreen，那些耐弱光的品种）更喜湿，所以需要把它们放在有鹅卵石的盆托上。

开花

广东万年青会在光照条件良好的情况下开花，但这些植物可以说是就为了长出美丽的叶子，所以剪掉花朵有利于将能量用于叶子的生长。开花的肉穗花序被白色的佛焰苞所包围。

植株大小

株高从 12 英寸到近 3 英尺（30.48~91.44 厘米）不等。

繁殖

可以通过枝插或分株繁殖。

栽培品种

"安亚曼尼（Anyamanee）"——它有斑驳的深粉红色的叶子，可以长到 12~15 英寸（30.48~38.10 厘米）高。

"白垩（Creta）"——绿色叶子上有红色斑纹，高 12 英寸（30.48 厘米）（见左页图）。

"翡翠美人（Emerald Beauty）"——这是一个较古老的品种，可在弱光条件下生长。它有带浅绿色斑驳条纹的深绿色的叶子，可以长到 24 英寸（60.96 厘米）高。

"银皇后（Silver Queen）"——又一较为古老的品种，但与"翡翠美人"的颜色是相反的，它是浅绿色的叶子上有深绿色的斑驳条纹。它还可以在较低的光照条件下生长，并且可以长到 18 英寸（45.72 厘米）高。

"粉色斑点狗（Pink Dalmatian）"——一种美丽的品种，粉红色的色斑分布在亮眼的深绿色叶子上，可以长到 12~18 英寸（30.48~45.72 厘米）高。

"白色长矛（White Lance）"——该品种不常见，它的叶子仅有 1 英寸（2.54 厘米）宽，呈浅灰色。它能长到 18 英寸（45.72 厘米）高。

"闪耀莎拉（Sparkling Sarah）"——该品种亮绿色的叶子上有一条带纹理的粉红色中脉，可以长到 12~15 英寸（30.48~38.10 厘米）高。

宠物安全

对狗和猫有毒。

巴西木

低等强度光照　　干燥　　对宠物有毒

拉丁学名

Dracaena fragrans

如果你曾开车经过一片玉米地或曾摘过玉米，你可以发现这种植物与玉米有相似之处。它很高，有带状的叶子。它经常被种植在像办公室这样的环境中，因为它可以忍受光线不足的生长条件和偶尔的照顾不周。当然，如果照顾得当，它在任何房间里都能产生引人注目的效果。时常掸灰，保持长叶子干净清洁，可使其更具吸引力。当你购买这种植物时，你会注意到它通常有三种不同高度的木质茎，顶端都支撑着一簇绿色叶子，状若喷泉。这是为了在售卖时让整个花盆显得更加绿意盎然。

光照

这种植物虽然可以忍受弱光，但更喜欢中等强度到明亮的光线。请注意，这些虽然不是全日照情况，但直射阳光仍会灼伤叶子。所以最好将其放置在窗户朝向东、北或西的房间，或离南窗几英尺（1 英尺为30.48 厘米）远的位置。

水分

重要的是水要均匀地浇在整个盆栽的基质中，以避免植株腐烂。植株可能生有较小的根系，买回家定植时需要将茎拉正。拉正茎时要小心，不要把基质压得太紧，迫使氧气排出。随着它们的生长，根系会变得越来越大，能够更好地支撑茎。

植株大小

该植株能长到 6 英尺（182.88 厘米）甚至更高。

繁殖

巴西木有三种繁殖方式。第一种，可以切掉植株的顶端并使其生根，成长为一株新的植物。这可能是植物保持较矮的高度的必要条件。第二种，你可以把高大的棕色茎切割到更短的尺寸，新芽应该从靠近顶部的茎的两侧长出来。第三种，让你切下的那段茎稍稍干燥，然后将其放在潮湿的盆栽基质上，并保持温暖。确保茎的底部接触到基质，从而形成根系。

栽培品种

金心巴西铁——一条黄色的条纹沿着叶子的中间延伸（见左页图）。

巴西千年木——这个品种的叶子更短更宽，有艳丽的黄色条纹。斑叶品种往往需要更多的光线来保持其斑纹。

宠物安全

对狗和猫有毒。

薜 荔

低等强度光照　　　潮湿　　　对宠物有毒

其他常用名

木莲

拉丁学名

Ficus pumila

这种匍匐植物很适合在吊篮中生长。它皱巴巴的叶子有深绿色或白色加绿色的。在温暖的气候条件下，它经常被用作地被植物。由于它的叶片较薄，需要较高的湿度，因此在玻璃容器中培养的情况也很常见。

光照

给予深绿色叶片的品种低等到中等强度的光照。如果植物有斑纹，则需要更强的光线以保持其斑纹。

水分

千万不要让这种植物缺水，它会掉叶子，甚至可能无法恢复。也不要把它直接放在水里，而是要保持基质潮湿。因为它的叶子很薄，需要高湿度环境，所以要把它放在有鹅卵石的盘托上。

植株大小

植株的藤蔓几乎贴着基质表面生长，可能会蔓延几米。时常修剪以控制其尺寸。

繁殖

将插条（茎）插入潮湿的盆栽基质中。

栽培品种

栎叶薜荔（Quercifolia）——这个小品种的叶子形状像栎树叶，其名称由此得来。因为它的尺寸小，所以经常被用作精灵花园（fairy-garden）的地被植株。

"雪花（Snowflake）"——它生有带白色边缘的绿叶。

宠物安全

对宠物有毒。

蕉叶星蕨

中等强度光照　　　潮湿　　　对宠物无毒

其他常用名

鳄鱼蕨

拉丁学名

Microsorum musifolium

当你看到这种蕨类植物时，你就会明白它为什么被以爬行动物鳄鱼来命名。它的叶子长，呈带状，像绉条纹薄织物似的纹理类似鳄鱼皮。在它的原生地，它经常被发现以附生植物的形式生长在树的高处。

光照

中等强度或明亮的光线是最好的。

这种蕨类植物在东面或是北面有窗的环境中生长良好。避免阳光直射叶子，因为有可能会灼伤叶子或使其褪色。

水分

将这种蕨类植物种植在排水良好、以泥炭为主的盆栽基质中。保持环境湿度均衡，但千万不要将其直接种在水中。将其放在有鹅卵石的盆托上，保持较高的湿度，千万不要让植物完全缺水。

植株大小

虽然这种蕨类植物在其原生地可以长出 4 英尺（121.92 厘米）长的叶子，但在家庭环境中它的叶子一般不超过 2 英尺（60.96 厘米）长。

繁殖

这些植物可以被分株并单独种植。

宠物安全

对宠物无毒。

花叶万年青

中等强度光照　　潮湿　　对人畜均有毒

拉丁学名

Dieffenbachia spp.

这些植物的叶子上有美丽的斑纹，即使在光线较弱的情况下也能生长，这使它们成为受欢迎的室内植物。大多数品种的大叶子上都有深绿色、白色或黄色的斑点或斑块，有时这些都会出现在同一株植物上。不要让儿童和宠物接触它们，因为这种植物的汁液含有草酸钙结晶，会灼伤口腔和喉咙，可能导致声带暂时麻痹。

光照

放置在中等强度甚至是明亮的光线下，如东窗或西窗的窗台，或离南窗数英尺（1 英尺为 30.48 厘米）的地方。斑纹较少的品种在来自北窗的弱光下也能生长。

水分

保持盆栽基质湿度均衡，通过将花盆放置在有鹅卵石的盆托上来提高湿度。

植株大小

不同品种的植株高度有的不足 1 英尺（30.48 厘米），有的可达 4~5 英尺（121.92~152.40 厘米）。

繁殖

从茎上切下几英寸（1 英寸为 2.54 厘米），使之在潮湿的基质中生根。可以将茎切成几段，使每段都有一个节，水平放置在潮湿的基质上等其生根。

栽培品种

白玉黛粉芋——叶子为明艳的浅绿色，叶缘是深绿色。

"伪装者（Camouflage）"——明艳的浅绿色叶子上有深绿色斑点。

"银币黛（Sterling）"——一种中等大小的品种，叶子是深绿色的，黄绿色的叶脉和纹理贯穿其中。

"热带雪（Tropic Snow）"——这个大型品种可以长到 5 英尺（152.40 厘米）或更高，翠绿色叶子中间是黄色的，边缘是绿色的。

"热带蜂蜜（Tropic Honey）"——这个大型品种的叶子是全黄的，边缘是浓郁的深绿色。

安全性

对宠物和人都有毒。

洋常春藤

低等强度光照　　　潮湿　　　对宠物有毒

其他常用名

西洋常春藤

拉丁学名

Hedera helix

洋常春藤的用途非常广泛，这是它受欢迎的原因。它在吊篮里或者只是作为简单的藤蔓从书架或冰箱的顶部"流"下来，看起来都很美。它也有一系列的栽培品种，叶子或大或小，叶色有绿色、黄色和白色等多种。斑叶类型的品种需要较多的光线来保持其颜色。

光照

洋常春藤的普通绿色品种可以忍受弱光，但是有斑纹的品种喜欢中等强度到明亮的光线。

水分

将洋常春藤种植在排水良好的盆栽基质中。浇透水，等基质稍微干燥再浇水，不要让它直接浸泡在水里。均匀湿润的基质对洋常春藤来说是最好的。如果太干燥，根部可能会死掉，植株将无法吸收水分，这可能导致其死亡。应用有鹅卵石的盆托保持洋常春藤周围的高湿度，因为周围的干燥空气就像晚餐铃，会招来叶螨。当你给洋常春藤浇水时，把它放到水槽中，用水清洗常春藤的叶子，可防止叶螨侵害。

植株大小

洋常春藤的茎可以长得很长，不过可以通过修剪来控制其长度。

繁殖

将剪下的茎扦插在潮湿的盆栽基质中。你也可以把茎固定在另一个装有盆栽基质的容器中，同时保持其与母体不分开。茎与湿润基质接触的地方会形成根系。当根系长起来后，可以将茎从母体上剪下，使之独立生长。

宠物安全

对宠物有毒。

琉璃殿

中等强度光照

干燥

对宠物无毒

拉丁学名

琉璃宫（*Haworthia limifolia var. ubomboensis*）见左页图中左侧；琉璃殿（*Haworthia limifolia*）见左页图中右侧

如果你对多肉植物情有独钟，却因为没有足够的阳光而无法种植，那么现在有希望了——琉璃殿是适合在弱光环境中种植的完美多肉植物。它们长成小莲座状，每片叶子的表面都有凸起的脊。这种小型多肉植物的冠幅很少超过 4 英寸（10.16 厘米），因此非常适合在室内的精灵花园中种植，且精灵花园与它的名字非常相称。

光照

将这种多肉植物放在低等到中等强度的光照条件下。不要像种其他喜光的多肉植物一样给它充足光照，否则它会变成深紫红色，并可能被晒伤。

水分

在盆栽基质完全干燥后再浇水，尤其是在光照不强烈的情况下。

开花

花葶将从莲座的中心长出，并可能延伸到 2 英尺（60.96 厘米）以上，开出小的白色喇叭形花朵。

植株大小

植株大约 2 英寸（5.08 厘米）高，冠幅不超过 4 英寸（10.16 厘米）。

繁殖

从植株的基部分出子株，单独上盆。

栽培品种

有许多十二卷属可供选择。所有品种都比一般的多肉植物需要更少的光照，所以你可以寻找十二卷属植物，而不一定只选琉璃殿。

白纹琉璃殿（*Haworthia limifolia var. stricta*）——叶上隆起的脊是白色的。

宠物安全

对宠物无毒。

菱叶白粉藤"埃伦·丹妮卡"

低等强度光照　　潮湿　　对宠物无毒

其他常用名

葡叶藤、栎叶常春藤

拉丁学名

Cissus alata 'Ellen Danica'

你可能听说过"三片叶，别惹招"的警告。虽然这种植物确实很像毒漆藤，但所幸它不会引起瘙痒的皮疹。菱叶白粉藤是一种层层叠叠的植物，非常适合在花架上或吊篮中种植，其深绿色的叶子有很多缺刻。

它很强健，可以迅速遮盖一个不理想的位置或黑暗的角落。

光照

这种用途广泛的藤本植物可以忍受北面窗户提供的弱光照，但它更喜欢东面窗户提供的中等强度的光照或离西面窗户几英尺（1 英尺为30.48 厘米）远的地方的光线。

水分

需栽种在以泥炭为主且排水良好的基质中，并保持基质湿度均衡，不要让植株浸泡在水中。如果缺水严重，那么叶子就会变成棕色或是掉落。

植株大小

藤蔓可以长到 10~12 英尺（304.80~365.76 厘米）长。如果有需要，可以修剪它，使植株保持更容易打理的大小。

繁殖

在潮湿的盆栽基质中扦插枝梢。

宠物安全

对宠物无毒。

台湾水龙骨

中等强度光照　　潮湿　　毒性未知

其他常用名

绿虫蕨

拉丁学名

Goniophlebium formosanum

有些人认为"有脚"的蕨类植物有点儿吓人。这种特殊品种的匍匐根状茎，实际上是变态茎，它们长得像绿色的蠕虫。不过，从"脚上"长出的浅绿色叶子使它成为一种美丽的植物，也成为一种谈资。根状茎会爬过盆边缘，并继续生长。

光照

中等强度的光线，尤其是从东边窗户照入的光线，对这种蕨类植物来说是最好的，但它在窗户朝北的房间也可以生长得很好。也可以把它放在离西边窗户几英尺（1 英尺为 30.48 厘米）远的地方，不要让植物离窗户太近，避免强烈的光照。

水分

保持盆栽基质湿度均衡。如果它缺水了，叶子会开始干枯脱落。由于根状茎肉质多汁，即使叶子之前因干燥而掉落，只要定期浇水，新的叶子还会生长出来。将花盆放在一个有鹅卵石的盆托上，提高湿度。

植株大小

根状茎会爬过容器的边缘继续生长。低而宽的容器最适合这种蕨类植物。复叶叶片长 12~18 英寸（30.48~45.72 厘米）。

繁殖

扦插带一片复叶的根状茎。用一根弯曲的铁丝将其固定在潮湿的盆栽基质容器中。

宠物安全

未知。

心叶蔓绿绒

低等强度光照　　潮湿　　对宠物有毒

其他常用名

桃叶藤、心叶藤、藤芋

拉丁学名

Philodendron hederaceum

心叶蔓绿绒和绿萝可能并列为有史以来最受欢迎的室内植物，而心形叶子和易于打理是心叶蔓绿绒受欢迎的原因。如今，新型栽培品种人气居高不下。深绿色的叶子使它们不仅能在弱光环境下生存，而且能茁壮成长。

光照

心叶蔓绿绒在北窗的弱光下生长良好，但在中等强度的光照下，如将它放在东窗台或离西窗几英尺（1英尺为 30.48 厘米）远的地方，它也能茁壮成长。南窗的光照可能会灼伤叶片或使叶片褪色。

水分

这是一种包容度高的植物，它能够接受干燥的环境，但更愿意生长在湿度均衡的环境中。不过，它不喜欢过湿的环境。

植株大小

这种匍匐植物可以长得特别长，但你可以把一些藤蔓修剪到土表来保持其茂盛——新的嫩枝会冒出来。

繁殖

在潮湿的盆栽基质中，扦插剪下的茎。

栽培品种

巴西蔓绿绒（*Philodendron hederaceum* 'Brazil'）（见左页图）——深绿色叶片上有亮绿色的点缀。

柠檬汁蔓绿绒——该品种的叶子是亮绿色的。

白兰地蔓绿绒（*Philodendron brandtianum*）——灰色叶子上有深绿色的叶脉。

云母蔓绿绒——深绿色的叶子似乎是绗缝出来的，不像心叶蔓绿绒的那样平坦。

宠物安全

对宠物有毒。

全缘贯众

低等强度光照　　　潮湿　　　对宠物无毒

其他常用名

日本大贯众蕨

拉丁学名

Cyrtomium falcatum

全缘贯众的复叶上面长着富有光泽的深绿色小叶，有点儿像冬青叶，叶缘有尖锐的缺刻，但这两种植物没有任何关系。因为它的长叶子坚韧，所以这种蕨类植物比其他植物更能适应家中的干燥空气。

光照

给予这种蕨类植物低等到中等强度的光照，如来自东边或北边窗户的光线，或将其放在离西边、南边的窗户几步的位置。

水分

保持盆栽基质湿度均衡，不要让植株缺水，但也不要直接将它放在水中。虽然它能在干燥环境中生长，但最好将它放在有鹅卵石的盆托上以提高湿度。

植株大小

它的叶长可以达到 2 英尺（60.96 厘米），因此整株植物的冠幅可达到 4 英尺（121.92 厘米）。

繁殖

该植物可以通过分株进行繁殖。

宠物安全

对宠物无毒。

八角金盘

中等强度光照

潮湿

对宠物无毒

拉丁学名

Fatsia japonica

八角金盘是房间中的一个亮点。它的大型掌状浅裂叶有 7~9 个裂片，植株可以长到几英尺（1 英尺为30.48 厘米）高。它通常以单茎植株的形式出售，它的大叶子长在粗壮的茎上，整株植物长得很高。可以对它进行修剪，使其多生分枝，长得更像灌木。

光照

为了使其茁壮成长，需将这种植物放在中等强度的光照下，如放在东边或西边的窗户旁。它也可以在弱光环境中成长，如北窗旁或离南窗稍远处。

水分

保持盆栽基质湿度均衡。如果它缺水，下面的叶子可能会脱落。保持植株周围的湿度，并使其远离热源。因为，如果环境过于干燥，暖风吹到植株，会吸引叶螨。

植株大小

它可以长成一株高大的植物，在其日本的原生地，可以长到 15 英尺（457.20 厘米）高。但在家里它很可能只长到 6 英尺（182.88 厘米）高。

栽培品种

"蛛网（Spider's Web）"——此品种的叶片上有白色斑纹，很吸引人，但它比全绿色品种需要更多的光。

宠物安全

对宠物无毒。

血叶兰

中等强度光照　　　潮湿　　　对宠物无毒

其他常用名

金线莲、宝石兰

拉丁学名

Ludisia discolor

虽然这种植物的白色花穗很美，但与它惊人的叶子相比，简直是小巫见大巫——其酒红色与斑斓的桃色条纹使这种地生兰成为一种不寻常的植物。这是一种非常容易种植的兰花，种在盆栽基质中，在中等强度的光照下它会开花。这些植物随着年龄的增长会变得细长。取茎梢扦插，生根后将其再种回盆中，使盆栽更饱满、更有吸引力。

光照

在血叶兰的原生地，这种植物长在阴暗的环境中，因此它们非常适合在家中种植。不过，它们需要明亮的光线才能开花，所以要给它们提供中等强度的光照，如将之放置在东边的窗台上。定期转动花盆，促使整株植物都能开花。这种植物在微弱的光线下也能生长良好，但不会开花。

水分

使用以泥炭为主的盆栽基质，并保持其湿度均衡。

开花

小花是白色的，长在花序轴上，高出叶子约 12 英寸（30.48 厘米）。

植株大小

植株只有几英寸（1 英寸为 2.54 厘米）高，但茎可以延伸到花盆边缘，垂下 8~10 英寸（20.32~25.40 厘米）。这种植物是很好的吊篮植物。

繁殖

将剪下的茎梢插在潮湿的盆栽基质中。也可将植株分株，单独上盆。

宠物安全

对狗和猫无毒。

袋鼠蕨

中等强度光照

潮湿

毒性未知

其他常用名

青叶蓝星蕨、袋鼠爪蕨

拉丁学名

Microsorum diversifolium

这种蕨类植物明艳的亮绿色叶片呈深裂状。它是一种"有脚"的蕨类植物，但与其他"有脚"的蕨类植物不同的是，它的根状茎没有过多的茸毛，是黑巧克力色的。袋鼠蕨通常被用作吊篮植物，根状茎会越过容器的边缘沿着侧面生长。如果不阻碍它生长，它能完全覆盖整个花盆。不想要这种状态的话，你可以把它移栽到一个更宽敞的花盆里。一个低矮宽敞的花盆最适合它生长，因为这样它可以在基质中"爬行"。

光照

大部分的蕨类植物都喜欢中等强度的光照，所以朝东的窗台是最佳选择。当然它在北窗台也能生长，或者在离西窗几英尺（1 英尺为 30.48厘米）远，甚至离南窗更远一些的地方也可以。

水分

不要让它缺水，要保持盆栽基质湿度均衡。如果它缺水，叶子会变黄甚至脱落。因为它的根状茎中能够储存一些水分，所以对于缺水这一点它多少能忍受一下。把它的花盆放在有鹅卵石的盆托上以保持湿度。

植株大小

叶子高出根状茎约 1 英尺（30.48 厘米），植物会生长蔓延到和花盆一样宽，甚至更远。

繁殖

从根状茎上取下一节带完整叶子的部分，将其栽在潮湿的盆栽基质中。

宠物安全

未知。

肾　蕨

低等强度光照　　　潮湿　　　对宠物无毒

其他常用名

鱼骨蕨、石黄皮

拉丁学名

Nephrolepis cordifolia

它是波士顿蕨（见第 69 页）的近亲，比波士顿蕨矮小很多。因其小叶的排列方式，它也被称作鱼骨蕨。许多人会将这种蕨类植物与圆叶旱蕨（见第 73 页）弄混，因为它的小叶也是圆形的。肾蕨的小叶要比圆叶旱蕨的叶子薄得多，所以这种植物需要更高的湿度。当它的叶子被压碎时，会散发出轻微的柠檬香味。

光照

将它放在低等到中等强度光照条件下，太强烈的光线会灼烧叶片。如果有足够的光线条件，它是一种适合放在办公桌上的小型植物。办公室里的荧光灯也足以让它茁壮成长。

水分

定期浇水以保持潮湿。不要让盆栽基质变得完全干燥，这样会导致落叶。和其他蕨类植物一样，其复叶喜欢高湿度的环境，所以可将它放在有鹅卵石的盆托上以保持潮湿。

植株大小

肾蕨能够长到 12 英寸（30.48 厘米）高。

宠物安全

对宠物无毒。

春羽"小希望"

低等强度光照　　潮湿　　对宠物有毒

拉丁学名

Thaumatophyllum selloum 'Little Hope'

你是否喜欢巨大的春羽或龟背竹（见第 113 页）的外观，但没有足够的空间摆放这样的植物？春羽"小希望"可能很适合你。它具有裂叶植物的外观，易于照料且体积小，可以放在小公寓或家里。

光照

与许多喜林芋属植物一样，这种植物可以在弱光的环境下生长，但最好还是为它提供中等强度的光照。它的用途广泛，能很好地适应环境。

水分

保持盆栽基质湿度均衡，等上层深几英寸（1 英寸为 2.54 厘米）的区域干透再浇水。在决定植物需要多少水时，要考虑植物接受的光照情况。

植株大小

它可以长到近 2 英尺（60.96 厘米）高，成熟时高度可能达到 3 英尺（91.44 厘米）。与普通裂叶植物相比，它属于矮小的一类。

宠物安全

对宠物有毒。

富贵竹

中等强度光照　　　湿润　　　对宠物有毒

其他常用名

开运竹、中国水竹

拉丁学名

Dracaena sanderiana

富贵竹根本不是竹子，而是龙血树属植物，自上市以来一直备受人们喜欢。据说它能带来好运。如果其茎部呈卷曲状，这是利用植物的趋光性修整出来的。它的茎可以像辫子一样编起来或通过其他形式进行修整。

光照

龙血树属植物需要中等强度光照甚至是强光才能长得最好。如果在弱光的环境下，它可能会向着光延伸生长，但也会长得很好。

水分

这种植物最常见的栽培方式是将其完全浸泡在水中，不过它也可以在盆栽基质中生长。龙血树属植物不喜欢有化学物质的自来水，所以如果有条件，可以使用雨水或蒸馏水。每月至少换一两次水，并保持相同水量。如果你在盆栽基质中种植这种植物，请保持盆栽基质的湿度均衡。

植株大小

茎的高度从 1 英寸到几英尺（1 英寸为 2.54 厘米，1 英尺为 30.48 厘米）不等，这取决于培育者剪掉多长的茎。你可以持续对它进行修剪。

繁殖

在潮湿的盆栽基质中扦插，或将其置于水中待其长出根系。如果你把茎的顶部切掉，下方就会冒出新芽。被切掉的部分上如果还留有绿叶，那么可以将其放在水中，它会长出新的根系。

宠物安全

对宠物有毒。

龟背竹

中等强度光照 潮湿 对宠物有毒

其他常用名

蓬莱蕉、铁丝兰、穿孔喜林芋

拉丁学名

Monstera deliciosa

这种中世纪流行的主打装饰植物再次成为世界上最受欢迎的室内植物之一。现今流行的高天花板和开放式概念室内设计使这种大型植物重新成为热点，这得益于它的建筑学表现力和易打理的特性。巨大的穿孔裂叶独一无二。在原生地的热带雨林中，这些孔能够帮助龟背竹抵抗时常来袭的强风和暴雨。它们会长出气生根，以收集更多的水分，同时起到稳定自己的作用。千万不要让它们附着在你的木地板或其他物体表面生长，因为当它们被拉走或挪开时，会在附着的物体上留下痕迹。

光照

龟背竹可以在弱光的环境中生长，但它更喜欢中等强度甚至是明亮的光线。在它的原生地，它一开始贴着丛林的地面生长，直到找到一棵可以依附的树，然后爬到树顶寻找光线。

水分

保持盆栽基质湿度均衡，等它很干燥的时候再浇水。

植株大小

这种植物可以长得很大，所以需要很大的空间。为它立苔藓杆是最好的选择，这样它就有东西可以依附，能长到 10 英尺（304.80 厘米）或更高。

繁殖

将剪下的茎尖扦插在潮湿的盆栽基质中，或插在水中让其生根。该植物也可以通过高枝压条的方式进行繁殖。

栽培品种

花叶龟背竹——深绿色的叶子上有浅绿色和白色的斑纹。

宠物安全

对宠物有毒。

紫背万年青

中等强度光照　　　干燥　　　对宠物有毒

其他常用名

蚌花、紫锦草

拉丁学名

Tradescantia spathacea

围绕着这种植物的白色小花的两个苞片很像贝壳，因此得名蚌花。这种植物在南方被用作地被植物，它能够在低等到中等强度光照的房间中生长。向上倾斜的叶子使紫色的叶背露了出来，叶子顶部是深绿色的。

光照

无斑纹的品种可在低等到中等强度光照环境下生长，如北面或东面的窗台。如果你的植物有斑纹，建议为其提供中等强度甚至是明亮的光线，如将其放在东窗台或西窗台。

水分

保持盆栽基质湿度均衡。不要浇水过多，因为它容易腐烂，宁可太干也不太湿。它需要稍高的湿度，以确保叶尖不会变成褐色。

开花

叶子深处一朵白色的小花被两个苞片包围，只有当你仔细寻找时才会发现它们。

植株大小

植株能生长到 1~1.5 英尺（30.48~45.72 厘米）的高度。

繁殖

移除子株，并将其单独上盆。

栽培品种

三色紫背万年青——这个较新的流行品种是亮绿色的，有白色和粉红色的条纹，叶子的背面是明亮的粉红色。

花叶紫背万年青——一个老品种，绿色的叶面有黄色条纹，不过它的叶背仍然是紫色的。

宠物安全

对宠物有毒。

网纹草

中等强度光照　　潮湿　　对宠物无毒

其他常用名

银网草

拉丁学名

Fittonia spp.

网纹草精美的叶子是它主要的吸引力。小叶品种的网纹草有薄薄的叶片，生长需要的湿度高出家中的平均湿度，玻璃容器能为它们提供一个完美生长环境。这些植物叶子有粉红色、白色、绿色和红色的，有些有波浪形的边缘。这种小型的可爱植物经常用来装点精灵花园。

光照

低等到中等强度的光照最合适，强光会灼伤叶片。

水分

这种植物不喜欢太湿，因为它容易腐烂。但也不要让它缺水，否则会掉叶子。最好是保持盆栽基质湿度均衡。这种植物喜欢高湿度，所以要把它放在有鹅卵石的盆托上或放在玻璃容器中。

植株大小

"粉色波浪（Pink Wave）"可以长到 10~12 英寸（25.40~30.48 厘米）高；低矮的品种能长到 4~5 英寸（10.16~12.70 厘米）高，经常被当作地被植物。

繁殖

在潮湿的盆栽基质中扦插枝梢。

栽培品种

"粉色波浪"（见左页图）——因为它的大叶子比矮小品种的更厚，所以家里的湿度不太高时，它也能茁壮成长。

"白雪安妮（White Anne）"——绿色的叶子上有亮白色的叶脉。

"红安妮（Red Anne）"——绿色的叶子上有红色的叶脉。

"粉星（Pink Star）"——绿色的叶子长着褶边，上面有粉色的叶脉。

宠物安全

对宠物无毒。

鲨鱼掌"小霍格"

中等强度光照　　干燥　　对宠物无毒

其他常用名

牛舌草

拉丁学名

Gasteraloe 'Little Warty'

这种植物的常用名源于它的叶片形状——叶片有圆滑尖端且其上有疣粒（小的圆形隆起），有人说它看起来像舌头。它易于栽培，是一种能在中等强度光照下良好生长的室内多肉植物；即使被放置在较弱的光照下，它依然能很好地生长。这种特别的植物，叶片呈深绿色，叶子上有白色的疣粒。

光照

在西窗或东窗的窗台上，它会长得生机勃勃。即便被放置在离南窗几英尺（1英尺为30.48厘米）的地方，它也能茁壮生长。

水分

这种多肉植物应该种植在排水良好的培养土中，且绝不能有积水。当冬天光照较弱时，要保持盆土偏干。

花朵

它在西窗台上容易开花。花朵大多为橙色，花尖为绿色，从2~3英尺（60.96~91.44厘米）长的花序轴上垂下来。它是鲨鱼掌属和芦荟属的属间杂交品种，花朵呈管状，像芦荟花。

植株大小

植株高度为1~24英寸（2.54~60.96厘米），具体的高度取决于品种。

繁殖

这种植物可长出相当多的子株，并能被取下来单独栽入盆中。它也能播种繁殖。还可摘下单叶，干燥几周，然后将其种植在潮湿的盆栽基质中；或将它们水平地放在基质上，几个月后会从切口处长出幼苗和根。

宠物安全

对宠物无毒。

白脉椒草

中等强度光照

潮湿

对宠物无毒

其他常用名

弦月椒草、钻石翡翠

拉丁学名

Peperomia tetragona

虽然严格意义上讲白脉椒草不是藤本植物，但它确实会随着生长变为垂枝植物，可以被培育在吊篮中出售。白脉椒草的叶片围绕红色的茎轮生，每节 3~5 叶，叶脉密集，有弦月状的脉纹，并因此得名"弦月椒草"。只要不浇水过多，胡椒科植物就很容易栽培，因为其中大多数植物都是多肉植物——无论叶片还是茎部，都肥厚多汁。

光照

这种植物需要一个中等强度光照的环境，比如东窗或西窗的窗台。在弱光照环境下，白脉椒草也能生长得很好，但或许会趋光伸长。

水分

将白脉椒草培育在排水良好的盆栽基质中，并保持盆土湿度均衡，但不要有积水。

植株大小

白脉椒草可生长至 15 英寸（38.10厘米）长。

繁殖

扦插剪下的茎梢，将其插到湿润的盆栽基质中。

宠物安全

对宠物无毒。

袖珍椰子

低等强度光照　　潮湿　　对宠物无毒

其他常用名

矮生椰子

拉丁学名

Chamaedorea elegans

在维多利亚时代，这种棕榈科的树几乎生长在每个客厅，也因此得名"客厅棕榈（Parlor Palm）"。就像一叶兰（见第75页）一样，它也能在这个时代的阴暗寒冷的房屋里生长。耐弱光是它受欢迎的主要原因。袖珍椰子生长缓慢，小植株经常被种在菜园里和吊篮中。

光照

袖珍椰子可以在低等强度光照的地方生长，但它更喜欢中等强度的光照条件。如果它接受了太多的光照，原本亮绿色的叶片，会变黄。

水分

保持盆栽基质湿度均衡，但不要有积水。一定要使用肥沃、排水性好的盆栽基质。为了减少叶螨的侵扰，可将鹅卵石铺于花盆的盆托上以保持高湿度。至少每月用清水冲洗一次叶片——这样做也可以清除叶片上的灰尘。

植株大小

这种植物可逐渐生长到 3~4 英尺（91.44~121.92 厘米）高。

繁殖

种子繁殖。

宠物安全

对宠物无毒。

白鹤芋

中等强度光照　　潮湿　　对宠物有毒

其他常用名

和平百合、一帆风顺、白掌

拉丁学名

Spathiphyllum spp.

白鹤芋不是真正的百合科植物，它与广东万年青属、喜林芋属和花叶万年青属植物更有相似点。这些受欢迎的植物都易于栽培，可以忍受短期内缺水。白鹤芋在中等强度光照下会开出白色花朵。其叶片美丽，富有光泽，呈深绿色，分外迷人。

光照

白鹤芋可接受中等强度光照至弱光照条件，但是在弱光照条件下可能不开花。东窗或北窗的窗台都适合白鹤芋生长。白鹤芋在东窗台上会开花，在距离西窗台 5~6 英尺（152.40~182.88 厘米）的地方也可开花。

水分

不要让白鹤芋缺水，白鹤芋的生长环境需湿度均衡。虽然白鹤芋会因为缺水而萎蔫，但只要及时浇水，植株就可以很快恢复。有些人把白鹤芋萎蔫作为浇水的信号，但如果经常等植株萎蔫之后再浇水，叶片会从叶尖部分开始焦枯，出现黄叶。因此最好经常检查水分状况，保持盆栽基质微微湿润。

花朵

虽然看起来像一朵花，但白鹤芋的大白旗状"花苞"实际上是一个佛焰苞（苞片）。在佛焰苞中间，白色竖直的圆筒状物是佛焰花序，上面长满了小花朵。花粉从小花朵上掉落下来后，白色的粉末会洒落在叶片上。在商业环境中，为保持叶片干净、无花粉，商家经常摘除佛焰花序。佛焰苞和佛焰花序能保留很长时间，这是对你精心呵护的奖励。随株龄增加，佛焰苞和佛焰花序会枯黄，那时可在离盆栽基质最近处切掉花葶。

大小

白鹤芋有许多栽培品种，高度为 1~4 英尺（30.48~121.92 厘米）。

繁殖

繁殖的简单方法就是分株并将每丛单独栽种。

栽培品种

"多米诺（Domino）"——一种斑叶品种，皱叶上有白色斑纹。

宠物安全

对宠物有毒。

斑叶小翠云

中等强度光照　　　潮湿　　　对宠物无毒

其他常用名

荧光珊瑚蕨、霜蕨

拉丁学名

Selaginella kraussiana 'Variegata'

虽然既不是蕨类植物，也不是真正的苔藓植物，小翠云仍被认为是"拟蕨植物"，并与蕨类植物喜欢相似的生长条件。这种低矮植物叶片上的彩虹色非常吸引植物爱好者。白尖的小翠云常在假期热销，也被称为"霜蕨"。如果你有兴趣，还可找到红色的品种。由于偏好较高水分和湿度，白尖的小翠云是一种很好的玻璃容器地被植物。

光照

中等强度光照是最好的，可以将其放在东窗台。小翠云不喜欢生长在强烈的光照之下，其叶片会褪色。北窗台的弱光照环境也适宜它们的生长，但白尖的小翠云需要更多光照才能保留叶片的斑纹。

水分

小翠云的生长环境需湿度均衡，不要使这种植物缺水。如果是作为节庆植物培育，它们可能被铝箔纸覆盖。给它们浇水时要取下铝箔纸，这样植物根部就不会被泡在水里了。将鹅卵石铺于花盆的盆托上，或将其放在玻璃容器中培育，以增加湿度。要经常检查它们的水分状态。如果盆栽基质表层干燥，请及时浇水。

植株大小

这是一种小型植物，只有几英寸（1英寸为2.54厘米）高。虽然是地被植物，但它们的生长空间可以延伸相当远。

繁殖

孢子繁殖或分株繁殖。

宠物安全

对宠物无毒。

孔雀竹芋

中等强度光照　　　潮湿　　　对宠物无毒

其他常用名

斑马竹芋、响尾蛇竹芋

拉丁学名

Calathea makoyana

这种植物叶片上美丽的斑纹赋予了它丰富多样的别名——浅绿色叶片的正面有深绿色条纹和斑点，背面是深红色。斑点图案会让人想到孔雀，条纹会让人想到斑马。孔雀竹芋需要稳定的水分和较高湿度。

光照

请将孔雀竹芋放置在中等强度光照环境下，如东窗台或离西窗几英尺（1 英尺为 30.48 厘米）的地方。这种植物在北窗台也长势良好。

水分

可将鹅卵石铺于孔雀竹芋花盆的盆托上以增加湿度。如果可以，把它们种植在湿度稍高的浴室或厨房的窗台上。保持排水良好的盆栽基质湿润，但不要有积水。切勿让孔雀竹芋完全缺水。植株缺水、干燥的空气和自来水中的氟化物都会导致叶边和叶尖变枯焦。

大小

植株高度可达 2 英尺（60.96 厘米），甚至更高。

繁殖

分株繁殖。

宠物安全

对宠物无毒。

喜林芋"大溪地"

低等强度光照　　潮湿　　对宠物有毒

拉丁学名

Philodendron mayoi 'Tahiti'

像大多数喜林芋一样，喜林芋"大溪地"对光照条件要求不高。喜林芋"大溪地"经常被种植在吊篮中出售。虽然它在吊篮中能很好地生长，但它更喜欢绕支撑架或苔藓杆生长，你可以在园艺中心或者在网上找到它们。把苔藓杆插入种植它的容器中，让其藤蔓攀爬着生长，这还原了它在丛林中围绕树木攀爬生长的天然环境。即使插入了一段枯死的树枝，也会有助于植株的生长，而且，这可能更有趣儿。或者你可以用细铁丝网和苔藓来制作一根自己的苔藓杆。当这种植物向上攀爬生长时，叶子的数量通常会增加。如果你让它缠绕着支撑杆生长，尤其在一段树枝上，这会成为办公室内一个很好的聊天话题。

光照

将植株放于低等至中等强度光照的环境下。不要将它放到阳光直射的地方，因为可能使叶片被灼伤或者褪色。

水分

它的生长环境需要湿度均衡，但不要使盆栽基质湿透或有积水。

植株大小

如在吊篮中培育，这种植物大约只有 12 英寸（30.48 厘米）高，但只要任其自由生长，藤蔓就能蔓延成片。因此要经常修剪，以控制植株的形态和大小。

宠物安全

对宠物有毒。

千母草

低等强度光照　　　潮湿　　　对宠物无毒

其他常用名

虎耳草

拉丁学名

Tolmiea menziesii

这种独特的植物讨人喜欢的地方，在于小植株叶片的生长方式。每个小植株都是母株的翻版。在千母草的原生地美国西北部，它生长在阴冷的树林里和小溪旁，是地被植物。茎部在地下蔓延生长。

光照

这种植物可以忍受弱光照环境，但更喜欢在中等强度光照下生长。不要将它放在阳光直射的地方，因为它可能会被灼伤。

水分

不要让千母草完全缺水，否则就算浇水，千母草的叶片边缘也会呈现枯焦状态。

植株大小

这种植物可形成高达 12 英寸（30.48 厘米）的小丘状植株。在其原生地，千母草可以长到 3 英尺（91.44 厘米）高，但在室内它一般不会长得那么高。

繁殖

取下一片带有小叶和一小块茎的叶片，然后放到盛有湿润盆栽基质的容器中。在生根之前，为它覆盖塑料薄膜，有助于保持湿度。或者选择与千母草母株相连的叶子，用发夹或弯曲的金属丝（如剪成两半的回形针）将其固定在一小盆湿润的盆栽基质中。它会生根，在这个过程中它会吸收来自母株的营养物质等。在它生根后，可将它与母株分离。

宠物安全

对宠物无毒。

肖竹芋

中等强度光照　　潮湿　　对宠物无毒

其他常用名

大叶兰花蕉、红背肖竹芋

拉丁学名

Calathea ornata

这种植物的主要吸引力是它美丽的叶片——谁不喜欢它叶片上的粉红色细条纹呢？它与竹芋属植物（见第 143 页）属于同一科。沿深绿色叶片上的叶脉，粉色条纹从中脉到叶边逐渐变淡。叶背呈深红色。

光照

肖竹芋需要中等强度的光照，以确保条纹能够保持亮粉色。阳光直射会使叶片的条纹褪色，但光照太少也无法使条纹保持明亮色彩。

水分

肖竹芋的生长环境需湿度均衡——不积水，但也不要太干燥。可将鹅卵石铺于花盆盆托上以增加湿度，这是一件必须要做的事。因为在干燥的空气中生长，会使肖竹芋的叶缘变成棕色。如果你所使用的自来水中添加了氟化物，那么肖竹芋也会受到影响。使用雨水或蒸馏水浇水，可以保证叶缘和叶尖不枯焦。

植株大小

肖竹芋可以长到 2 英尺（60.96 厘米）高。

繁殖

分株繁殖。

宠物安全

对宠物无毒。

短叶罗汉松

中等强度光照

潮湿

对宠物有毒

其他常用名

短叶土杉、南方红豆杉、
小叶罗汉松

拉丁学名

Podocarpus chinensis

在美国南部的大部分地区，罗汉松
作为常绿树篱，被种植在室外，很
像北方气候下的红豆杉——这就
是俗名南方红豆杉的由来。短叶
罗汉松最常被种植在室内，因为它
的叶片较短、植株紧凑。经过修剪
枝叶，可以使短叶罗汉松的植株更
小，或者使它被修剪成树雕、盆
景。如果不修剪，任其自由生长，
茎叶会低垂蔓延，生长成片。

光照

这种植物更喜欢中等强度光照或明
亮的光线，但也能忍受弱光照。

水分

短叶罗汉松的生长环境需湿度均
衡，但要把它栽培在能快速排水的
盆栽基质中。不要有积水，因为容
易导致它的根部腐烂。

植株大小

短叶罗汉松的高度可达到 6~8 英
尺（182.88~243.84 厘米），但可
以通过修剪使之保持 4~5 英尺
（121.92~152.41 厘米）高。它是一
种优良的大型林下植物。

繁殖

剪下枝梢，涂抹生根剂，然后将它
们种植在湿润的盆栽基质中。也可
以播种繁殖。

宠物安全

对宠物有毒。

红点草

中等强度光照　　　潮湿　　　对宠物无毒

其他常用名

红点嫣红蔓、溅红草

拉丁学名

Hypoestes phyllostachya

在过去几年里，红点草越来越受欢迎，因为它们容易栽培，而且叶片明亮鲜艳。红点草通常出现在当地园艺中心的精灵花园区，同时也常被培育在菜园和玻璃容器中。红点草的叶片很薄，需要高湿度才能达到最佳的生长状态。将红点草放在厨房水槽上方或浴室的窗台上，将鹅卵石铺于花盆盆托上，或将红点草放入玻璃容器中栽培，以保持最佳湿度。

光照

中等强度光照环境最佳，因此最好将红点草放在东窗台或离西窗台几英尺（1 英尺为 30.48 厘米）的地方。如果光线不足，它们可能会趋光伸长。但如果将它们放在阳光太足的地方，薄叶片可能会褪色甚至被灼伤。

水分

红点草的生长环境需湿度均衡，不能使植株缺水，它极不耐旱。低湿度会导致它的叶尖和叶缘变枯焦。

植株大小

修剪红点草，使它的植株保持饱满

非常重要。如果不修剪，红点草也许会生长至 16 英寸（40.64 厘米）高或更高，且茎长、叶稀疏。

繁殖

在湿润的盆栽基质中扦插枝梢，或通过播种繁殖。

宠物安全

对宠物无毒。

绿 萝

低等强度光照　　潮湿　　对宠物有毒

其他常见名

魔鬼藤、黄金葛、金钱草

拉丁学名

Epipremnum aureum

如果说哪一种植物几乎是每个人都熟知的，那一定是无处不在的绿萝。你可以发现绿萝爬上了窗户、家具或横跨了天花板上的横梁。在室内植物中，绿萝的耐弱光能力是它的加分项。许多办公楼的室内都种植了绿萝，因为绿萝能在只接受荧光灯照明的地方茁壮生长。

光照

黄金葛的绿叶上有黄色大理石花纹，可以忍受北窗的低光照，但它更喜欢在东窗或在西窗附近几英尺（1英尺为30.48厘米）内的中等强度光照环境。如果黄金葛的黄色斑纹褪色，叶片转为全绿色，需要把它转移到有更多光线的地方，斑纹会重新长出。

水分

如果绿萝的叶缘开始枯萎，那便是在提醒你，它已处于缺水状态。但最好不要让这种情况发生，因为缺水后会出现一些黄叶。绿萝的生长环境需湿度均衡，但不要有积水，否则根部可能会腐烂，植株也会死亡。

植株大小

在它的原生地，这种藤本植物可以沿一棵树攀爬40~70英尺（12.19~21.34米）高。在我们的家中，如果不修剪它，这种藤本植物可以长到10~20英尺（3.05~6.10米）长，但也许只在茎的末端有叶子，其余地方都光秃秃的。最好经常修剪并保持植株茎叶饱满。将一部分茎回剪至土表，植株会长出新芽。

繁殖

在水中或盆栽基质中，扦插剪下来的茎。

栽培品种

雪花葛——这种品种的叶片有非常漂亮的白绿相间的斑纹。与某些品种相比，它需要更强的光照，因为它的叶子上有很多白色斑纹，但是太足的阳光也会晒伤叶片上的白色斑纹部分。

"喜悦（N'Joy）"和"珍珠翡翠（Pearls and Jade）"——这两种品种是相似的，都有形状相对规则的白绿相间的斑块。"珍珠翡翠"上有绿色的小斑点，弱化了不同颜色的边线。"喜悦"和"珍珠翡翠"都是较新的杂交品种。

"霓虹灯（Neon）"——叶片是浅黄绿色的，颜色非常明亮鲜艳。

宠物安全

对宠物有毒。

竹 芋

中等强度光照　　　潮湿　　　对宠物无毒

其他常见名

兔脚竹芋、鱼骨草

拉丁学名

Maranta spp.

想象一下，有一种植物到了晚上会合上叶片，并在合上叶片的过程中发出轻轻的摩擦声——竹芋就是这样的植物。不过，它主要吸引人的地方是它美丽的叶片。有些品种的叶片有红色条纹和斑点，而其他品种则在浅绿色叶片上有深绿色的斑点。有些品种的叶片背面呈酒红色，为其增添了魅力，使之更具观赏性。

光照

中等强度光照环境，如东窗台，是培育竹芋的首选位置。你也可以将这种植物放在距离西窗约 1 英尺（30.48 厘米）处、距离南窗几英尺处或靠近北窗的位置。

水分

竹芋的生长环境需湿度均衡，避免使用含氟化物的水——用瓶装水或蒸馏水代替。不要使竹芋缺水。竹芋对湿度条件有些挑剔，如果湿度太低，叶缘也许会枯黄。可将鹅卵石铺于花盆盆托上以增加湿度。

植株大小

竹芋的植株相对较矮，通常在 1 英尺（30.48 厘米）以下，但如果生长良好，株高可以达到 2~3 英尺（60.96~91.44 厘米）。竹芋通常作为植株较大的吊篮植物出售。

繁殖

在潮湿的盆栽基质中，扦插剪下的枝梢。大植株也可以分株为更小的植株。

栽培品种

豹斑竹芋（红脉）——这种品种的叶片上，沿中脉有浅绿色的斑点，其他叶脉从叶片中心向外延伸，为桃红色。它是竹芋中很美丽的一种。

豹斑竹芋（哥氏白脉竹芋）（见左页图）——该品种的叶子，在主中脉的两侧有深绿色斑点。其斑叶品种有同样的深绿色斑点，但也有白色、红色斑点，使其更具有观赏性。

宠物安全

对宠物无毒。

小叶银斑葛"银缎"

低等强度光照　　干燥　　对宠物有毒

拉丁学名

Scindapsus pictus 'Silver Satin'

关于这种栽培简单、可在弱光照环境下生长的植物，无须注意太多要求。我在浴室里和客厅里分别种植了一株。尽管两株都离窗户很远，但它们在弱光照环境下都生长得很好。它叶子肥厚，不需要经常浇水，尤其是在弱光照环境下栽培时。中绿色叶子上的银色斑点，使它成为一种极具观赏价值的植物。长藤蔓可以被修剪得绕窗户生长。你也能将它放在花架上，或使它从架子上"倾泻"下来。

光照

把它放在低等到中等强度光照环境下，它们就能长得生机勃勃。

水分

厚而坚韧的叶子使它可以很好地储存水分，并且不像叶子较薄的植物一样需要经常浇水。等盆土干透后再浇水，但不能等到它完全干枯了再浇水。盆内也不要有积水。

植株大小

这种植物会长出长藤蔓，但藤蔓越长，它就会变得越稀疏。为了使植株更饱满，把部分藤蔓回剪到土表，它可长出新的茎。保持植株茎叶饱满，可使之更具吸引力。也可扦插以培育新植株。

繁殖

在水中或装有微湿的盆栽基质中扦插繁殖。

栽培品种

"翡翠（Jade）"——由于叶子是纯深绿色的，这种品种需要的光线甚至比"银缎"还要少。肥厚的叶子使它非常耐旱，但也不能让它完全缺水。

宠物安全

对宠物有毒。

虎尾兰

低等强度光照　　　干燥　　　对宠物有毒

其他常用名

金边虎尾兰、千岁兰

拉丁学名

Sansevieria trifasciata

虎尾兰又重新流行起来了。以前，虎尾兰被忽视，因为它们通常被放置在黑暗的角落里自生自灭，因缺乏适当光照而落叶。现在，它们重回人们的视野，许多品种颇受人们喜爱，还享有了空气净化器的美誉。虎尾兰的特性和种植它们的多种益处，使之在室内植物中占据了应得的一席之地。

光照

虎尾兰（尤其是深绿色品种）可以忍受弱光照，只要没有浇水过多，它就能生长得很好。不过，虎尾兰更喜欢中等强度至明亮的光线条件。

水分

许多虎尾兰都因浇水过多而死亡。在光线不足的情况下，要少浇水，宁干勿湿，等盆栽基质变得很干时再浇水。在高强度光照环境中，它们才需要更多的水。切勿让虎尾兰的根部泡在水中。

植株大小

虎尾兰的高度从几英寸到几英尺（1英寸为2.54厘米，1英尺为30.48厘米）不等，具体高度取决于具体的品种。

繁殖

繁殖虎尾兰的最简单方法便是分株。切下虎尾兰叶子的 2~3 英寸（5.08~7.62 厘米），并将其竖直种植，能在基部培育出新植株。确保这些切下的部分顶部朝上栽种，否则不能成功培育新植株。

栽培品种

柱叶虎尾兰——这种虎尾兰的叶子不是扁平的，而是细圆柱形、顶部尖锐的。柱叶虎尾兰的植株能超过 6 英尺（182.88 厘米）高。

银脉虎尾兰——这个品种有亮白绿色条纹的叶子非常引人注目。银脉虎尾兰能长到 3~4 英尺（91.44~121.92 厘米）高。

金边虎尾兰——这种绿色条纹品种，叶子两侧带有黄边，是一种很受欢迎的较老的品种。金边虎尾兰能长到 3~4 英尺（91.44~121.92 厘米）高。

梅森虎尾兰——这是植株较大的品种，植株的株幅能达到 8~10 英寸（20.32~25.40 厘米），高为 3~4 英尺（91.44~121.92 厘米）。

宠物安全

对宠物有毒。

吊 兰

低等强度光照　　潮湿　　对宠物无毒

其他常用名

蜘蛛草

拉丁学名

Chlorophytum comosum

迷人的吊兰是最受欢迎的室内植物之一。被培育在吊篮中的斑叶品种是常见的吊兰品种。长茎上的子株垂在空中，是这种植物最讨人喜爱的特征。当吊兰的根部过于拥挤、"撑满盆"时，必须要换盆或分株，否则可能会撑坏花盆。

光照

吊兰的全绿品种可以在弱光照环境下生长，但有斑纹的品种还需要中等强度到明亮的光线环境。

水分

吊兰的生长环境需湿度均衡。多次施肥会导致植株内盐分增多，叶片边缘枯焦。可通过经常冲洗叶片来改善这个情况，同时要剪除叶片的褐色边缘。

植株大小

吊兰可以长到 1~2 英尺（30.48~60.96 厘米）高，但垂落的茎叶会超出花盆边缘 2~3 英尺（60.96~91.44 厘米）。

繁殖

茎末端的子株可切下来，并栽种在潮湿的盆栽基质中或插入水中。为使其更快生根，仍让子株长在母株上，但将其固定在盛有潮湿基质的花盆中。当子株扎好根后，再将其从母株身上分离。也可将一株大植株分株成许多小植株，单独栽种。

栽培品种

银心卷叶吊兰——这个品种的叶子卷曲。

宠物安全

对宠物无毒。

波浪竹芋

中等强度光照　　潮湿　　对宠物无毒

其他常见名

绒丝竹芋、红背卧花竹芋

拉丁学名

Goeppertia rufibarba

仅外观就可以说明波浪竹芋受欢迎的原因——叶片呈披针形，边缘呈波浪状，正面是深绿色，背面是酒红色。如果你用手摩挲波浪竹芋叶片的背面，你会发现更独特之处：它的叶片摸起来像天鹅绒。你会情不自禁地抚摸，就像抚摸最喜欢的猫或狗。这种植物的拉丁学名"rufibarba"源自拉丁语"rufus（意思是红色）"和"barba（意思是胡子）"。

光照

波浪竹芋在中等强度光照环境下，尤其是东窗台，能良好地生长。它也喜欢来自北窗的阳光。不要将波浪竹芋放在太亮的光线下，否则叶片会被灼伤或褪色。

水分

充分浇水，不要使波浪竹芋的植株缺水。环境需要保持高湿度，以预防叶螨侵害。可将鹅卵石铺于花盆盆托上以增加湿度。

植株大小

这种植物可以长到 12~20 英寸（30.48~50.80 厘米）高。

繁殖

波浪竹芋可以分株繁殖。

宠物安全

对宠物无毒。

吊竹梅

中等强度光照　　潮湿　　对宠物有毒

其他常用名

吊竹兰、斑叶鸭跖草、甲由草、水竹草、花叶竹夹菜、红莲

拉丁学名

Tradescantia zebrina

这种藤本植物是一种受欢迎的吊篮植物。漂亮的条纹叶片在灯光下会闪烁彩虹色。吊竹梅易于栽培，因其生有肉质茎，稍微疏于照顾也没关系。茎硬且脆，容易被折断，但这也是一次繁殖更多植株，并与他人分享的绝佳机会。

光照

这种植物在中等强度光照条件下生长得最好。虽然它可以在弱光照条件下生长，但叶片可能会褪色。最好把吊竹梅放置在东窗台或西窗台。若放在太明亮的光线下，吊竹梅的叶片会褪色或被灼伤。

水分

保持盆栽基质湿度均衡，但不要太湿，否则茎部、根部会腐烂。因茎部肥厚多汁，所以植株可短暂缺水。

植株大小

这种藤本植物的高度通常不超过 6 英寸（15.24 厘米），但长度可以蔓延超出种植容器约 2 英尺（60.96 厘米）或更远。

繁殖

在湿润的盆栽基质中，扦插剪下的茎。

宠物安全

对宠物有毒。

吐烟花

低等强度光照　　　潮湿　　　对宠物无毒

拉丁学名

Pellionia repens

吐烟花的叶脉纹路很像西瓜皮的花纹，而且茎部是微红色的，这使它的叶子更像西瓜皮了。吐烟花的小植株通常被培育在玻璃容器中出售，大植株在吊篮里培育出售。吐烟花易于栽培，虽然它有个别称叫西瓜藤，但它不是藤本植物，更像是一种匍匐植物。

光照

这种特别的植物只需要低等到中等强度的光照条件。不要将吐烟花放在强光下，因为可能使它的叶片褪色或被灼伤。

水分

吐烟花喜欢湿度均衡的盆栽基质。如果基质太干，叶片就会掉落。吐烟花也不喜根部有积水。

植株大小

这种植物只有几英寸（1英寸为2.54厘米）高，可从种植的容器蔓延或垂落约1英尺（30.48厘米）

远。如果茎部徒长，就掐掉茎末端，并将其种在花盆的空处，培育新植株。

繁殖

在微湿的盆栽基质中，扦插剪下的茎梢。

宠物安全

对宠物无毒。

雪铁芋

低等强度光照　　干燥　　对宠物有毒

其他常用名

金钱树、龙凤木、泽米芋、美铁芋

拉丁学名

Zamioculcas zamiifolia

如果有一个角落昏暗无光，在那里所有其他植物都不能生长，那么种植雪铁芋就是解决这个问题的方法。雪铁芋在过去几年中已经成为最受欢迎的室内植物之一，因为它在低光照条件下仍能长得郁郁葱葱。雪铁芋叶片呈深绿色，富有光泽。它的复叶直立，每个叶轴上有许多小叶，它的茎是地下根状茎。

光照

虽然雪铁芋确实能在相当长的时间内忍受弱光照条件，但它在中等强度至明亮的光线条件下，长势更好。

水分

雪铁芋因极耐旱而广受欢迎，虽然可以间隔很长时间再浇水，但浇水频率也要取决于雪铁芋生长环境的具体光照水平。如果太干，雪铁芋的小叶会掉落。

植株大小

雪铁芋可生长至 3 英尺（91.44 厘米）高。

繁殖

这种植物不寻常之处是它可以在单个小叶上再生植株，不过这需要相当长的时间。将切割端扦插到微湿的盆栽基质中，并用塑料或玻璃制品覆盖。生根过程也许需要持续几个月的时间。雪铁芋也可分株繁殖。

宠物安全

对宠物有毒。

索　引

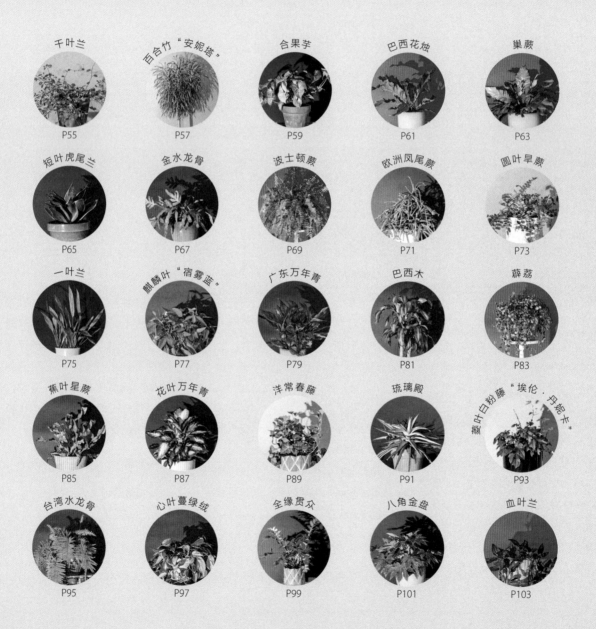

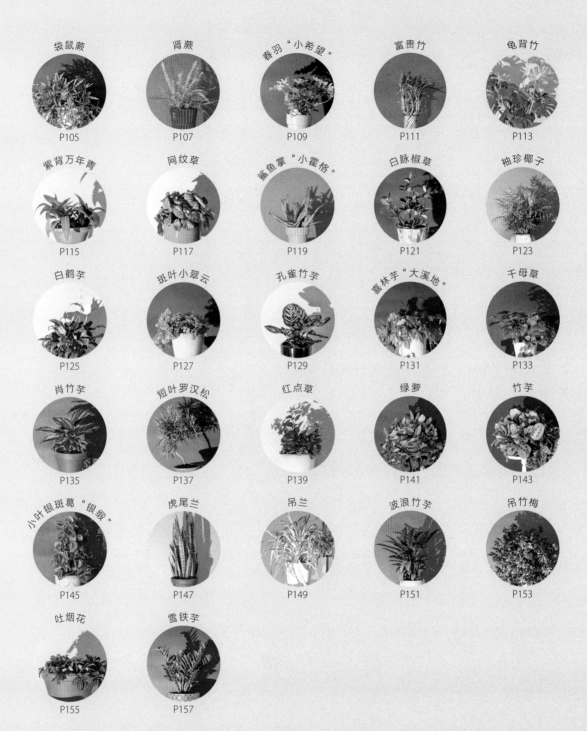

袋鼠蕨
P105

肾蕨
P107

春羽 "小希望"
P109

富贵竹
P111

龟背竹
P113

紫背万年青
P115

网纹草
P117

鲨鱼掌 "小霍格"
P119

白脉椒草
P121

袖珍椰子
P123

白鹤芋
P125

斑叶小翠云
P127

孔雀竹芋
P129

喜林芋 "大溪地"
P131

千母草
P133

肖竹芋
P135

短叶罗汉松
P137

红点草
P139

绿萝
P141

竹芋
P143

小叶银斑葛 "银级"
P145

虎尾兰
P147

吊兰
P149

波浪竹芋
P151

吊竹梅
P153

吐烟花
P155

雪铁芋
P157

致 谢

首先，感谢本书英文版的编辑艾丽莎·布卢姆（Alyssa Bluhm）女士，力邀我撰写本书，并为我提供思路。她认为需要为那些生活在光线不足的环境中的人们出这么一本书，帮助他们找到适于栽种的室内植物，学会如何通过栽种植物而获得快乐。与艾丽莎·布卢姆女士的合作使我感到由衷的高兴！感谢出版集团的团队将我们的想法变为现实。

其次，感谢希瑟·桑德斯（Heather Saunders），她以独特的视角为本书增添了美丽的图片。和她一起工作很愉快！她的两个儿子哈里森（Harrison）和朱利安（Julian）阳光、有力量，帮着把植物、花盆、摄影设备、盆栽基质、植物架等搬进搬出，在此一并感谢。

感谢达尼埃尔·迪克斯（Danielle Dirks）提供了她华丽的底特律爱彼迎民宿公寓作为主题拍摄地点，也感谢她为几张照片的友情支持。感谢蒂姆·特拉维斯（Tim Travis）和吉姆·斯莱辛斯基（Jim Slezinski），同意我们使用他们华丽的室内植物、花盆和花房拍摄照片。感谢杰伊·阿特沃特（Jay Atwater）和切尔西·施泰因科普夫（Chelsea Steinkopf）让他们的植物成为"超级名模"。感谢凯利·阿尔迪托（Kelly Ardito）对本书中那么多精美照片的友情支持，同时感谢切尔西·施泰因科普夫协助拍摄。

还要感谢那些在选择植物种类和规范术语方面提供帮助的人士：歌诗达农场的贾斯廷·汉考克（Justin Hancock）、植物园的园艺师布雷特·韦斯（Brett Weiss）、贝尔岛的温室的杰里米·肯普（Jeremy Kemp）。感谢我的挚友南希·斯泽莱格（Nancy Szerlag），协助解决了专用盆栽基质、肥料以及内容编辑等问题。

感谢我的家人和朋友。在写作过程中我难免会忘记约会、错过活动，自身也会感到压力，感谢家人和朋友给予我的宽容和陪伴。

尽管排在最后，但最要感谢的是我的丈夫——约翰（John），我最信赖的人，我最大的"粉丝"，我生命中的挚爱。感谢你忍受我们的房子，自出版第一本书以来它就不再那么整洁；忍受比全面占领窗台的规模还要多得多的室内植物。你还想看看后院吗？爱你！

作者简介

莉萨·埃尔德雷德·施泰因科普夫（Lisa Eldred Steinkopf）是室内植物领域的权威，她在她的博客（www.thehouseplantguru.com）上展示了室内植物的特性。她成长于美国密歇根州中部的农村，每天沉浸在大自然中，孕育了她对户外的一切，尤其是对植物的爱。她家与奶奶家在同一条路上，路途并不远，于是她便一有时间就待在奶奶家，时时刻刻地关注着那些非洲紫罗兰和其他室内植物。这里就是她对室内植物的爱开始的地方。

作为一个狂热的户外园丁，她成为《密歇根园艺》（Michigan Gardening）杂志的专栏作家，并常为《密歇根园丁》（Michigan Gardener）杂志撰写文章。此外，她还为专业网站（HGTVgardens.com）、《如此简单》（Real Simple）杂志和有关植物的手机应用程序的室内植物部分撰稿。她在全美国范围内开展了讲座，宣传室内植物的重要性以及养护方法，并通过网络媒体、报刊媒体、电视以及广播等形式接受了关于室内植物的采访。

莉萨在施泰因科普夫苗圃与花园中心工作了十多年，担任一年生植物和室内植物经理。她是多家植物协会的成员，其中包括密歇根仙人掌和多肉植物协会（Michigan Cactus and Succulent Society）、城镇和乡村非洲紫罗兰协会（Town and Country African Violet Society）、密歇根东南部凤梨协会（Southeast Michigan Bromeliad Society）和耐寒植物协会（Hardy Plant Society）等多家植物领域协会。

她在底特律的家中养护着数百种室内植物，她与丈夫约翰（John）和两只可爱的小猫生活在那里。她喜欢在旅行期间参观当地培养植物的温室，并且是底特律贝尔岛一个大温室的志愿者。她认为每个家庭、办公室和公寓都应该栽种室内植物，并且每种室内环境均有适于栽种的特定植物。每个人的生活都需要绿色植物，任何人都可以成为园艺高手。